走进大自然

# 草本植物

王艳 ⊙ 编写

吉林出版集团股份有限公司

**图书在版编目（CIP）数据**

走进大自然·草本植物/王艳编写.—— 长春 ：吉林出版集团股份有限公司，2013.5
ISBN 978-7-5534-1606-9

Ⅰ.①走… Ⅱ.①王… Ⅲ.①自然科学－少儿读物②草本植物－少儿读物Ⅳ.
①N49②Q949.4-49

中国版本图书馆CIP数据核字(2013)第062696号

# 走进大自然·草本植物

ZOUJIN DAZIRAN CAOBEN ZHIWU

| | | |
|---|---|---|
| 编　写 | 王　艳 | |
| 策　划 | 刘　野 | |
| 责任编辑 | 李婷婷 | |
| 封面设计 | 贝　尔 | |
| 开　本 | 680mm×940mm　1/16 | |
| 字　数 | 100千 | |
| 印　张 | 8 | |
| 版　次 | 2013年7月　第1版 | |
| 印　次 | 2018年5月　第4次印刷 | |

出　版　吉林出版集团股份有限公司
发　行　吉林出版集团股份有限公司
地　址　长春市人民大街4646号
　　　　　邮编：130021
电　话　总编办：0431-88029858
　　　　　发行科：0431-88029836
邮　箱　SXWH00110@163.com
印　刷　湖北金海印务有限公司

书　号　ISBN978-7-5534-1606-9
定　价　25.80元

# 目　　录

## Contents

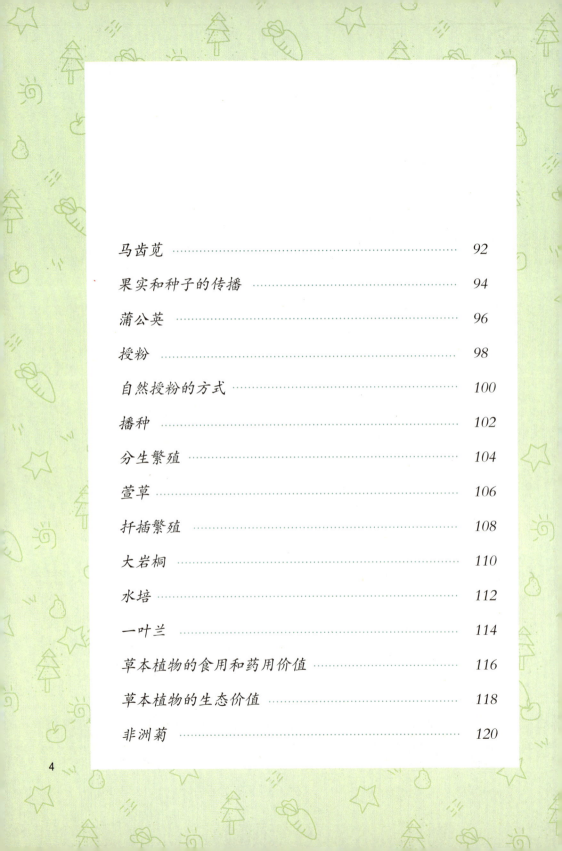

# 草本植物的定义

　　草本植物是一类植物的总称，并不是植物科学分类中的一个单元，与它相对应的概念是木本植物。草本植物的特征是具有草质或肉质茎，木质部不发达，木质化细胞较少；植株一般比较矮小，茎多汁，较柔软；在生长季结束时，多数草本植物的整体或地上部分死亡，但也有地下茎发达的二年生或多年生草本植物。

　　草本植物和木本植物最显著的区别是茎结构的不同。草本植物的茎中密布着很多相对细小的维管束，维管束之间充斥着大量的薄壁细胞，茎的最外层是坚韧的机械组织。草本植物维管束中的木质部分布在外侧，韧皮部则分布在内侧；而木本植物维管束中的木质部分布在内侧，韧皮部则分布在外侧。草本植物的维管束不具有形成层，不能不断生长，因此茎不能持续变粗。

草质茎

## 维 管 束

维管束是指维管植物的维管组织，由木质部和韧皮部成束状排列构成，多存在于茎和叶中。它的主要作用是为植物体运输水分、无机盐和有机养分等，也有支持植物体的作用。

## 木 质 部

木质部是维管植物的运输组织，由导管、管胞、木射线、薄壁组织和木纤维构成。它能够将根吸收的水分和溶解于水里面的养分向上运输，以供其他器官组织使用，也有支持植物体的作用。

## 韧 皮 部

韧皮部是维管植物的运输组织，由筛分子、薄壁组织和厚壁组织细胞构成。它能够将蔗糖由进行光合作用的器官运输到植物的其他部位。

生活中常见的草本植物

# 常见草本植物的花期

| | 1 | 2 | 3 | 4 | 5 | 6 | 7 | 8 | 9 | 10 | 11 | 12 |
|---|---|---|---|---|---|---|---|---|---|---|---|---|
| 百合 | | | | | | | | ✓ | ✓ | ✓ | | |
| 百日草 | | | | | | ✓ | ✓ | ✓ | ✓ | | | |
| 半枝莲 | | | | | | ✓ | ✓ | ✓ | ✓ | ✓ | | |
| 贝母 | | | ✓ | ✓ | | | | | | | | |
| 波斯菊 | | | | | | | | ✓ | ✓ | ✓ | | |
| 薄荷 | | | | | | | ✓ | ✓ | | | | |
| 雏菊 | | | | ✓ | ✓ | ✓ | | | | | | |
| 翠菊 | | | | | ✓ | ✓ | | | | | | |
| 番红花 | | ✓ | ✓ | | | | | | ✓ | ✓ | | |
| 飞燕草 | | | | | ✓ | ✓ | | | | | | |
| 风信子 | | | | ✓ | ✓ | | | | | | | |
| 凤仙花 | | | | | | ✓ | ✓ | ✓ | | | | |
| 福禄考 | | | | | ✓ | ✓ | ✓ | | | | | |
| 含羞草 | | | | | | | ✓ | ✓ | | | | |
| 旱金莲 | | | | | | | ✓ | ✓ | ✓ | | | |
| 荷包牡丹 | | | | ✓ | ✓ | | | | | | | |
| 花毛茛 | | | | ✓ | | | | | | | | |
| 鸡冠花 | | | | | | | | ✓ | ✓ | ✓ | | |
| 金鱼草 | | | | | ✓ | ✓ | ✓ | | | | | |

| 植物 |  |  |  |  |  |  |  |  |  |  |  |  |
|---|---|---|---|---|---|---|---|---|---|---|---|---|
| 金盏菊 |  |  | ✓ | ✓ | ✓ |  |  |  |  |  |  |  |
| 锦葵 |  |  |  |  |  | ✓ | ✓ |  |  |  |  |  |
| 桔梗 |  |  |  |  |  | ✓ | ✓ | ✓ | ✓ | ✓ |  |  |
| 菊花 |  |  |  |  |  |  |  |  |  |  | ✓ | ✓ | ✓ |
| 铃兰 |  |  |  | ✓ | ✓ |  |  |  |  |  |  |  |
| 耧斗菜 |  |  |  |  |  | ✓ | ✓ |  |  |  |  |  |
| 麦秆菊 |  |  |  |  |  |  | ✓ | ✓ | ✓ |  |  |  |
| 洋地黄 |  |  |  |  |  | ✓ | ✓ | ✓ |  |  |  |  |
| 美女樱 |  |  |  |  |  | ✓ | ✓ | ✓ | ✓ |  |  |  |
| 美人蕉 |  |  |  |  |  |  |  | ✓ | ✓ | ✓ |  |  |
| 牡丹 |  |  |  | ✓ | ✓ |  |  |  |  |  |  |  |
| 茑萝 |  |  |  |  |  |  |  |  |  |  | ✓ | ✓ |  |
| 牵牛花 |  |  |  |  |  |  | ✓ | ✓ | ✓ |  |  |  |
| 三色堇 |  |  |  | ✓ | ✓ | ✓ |  |  |  |  |  |  |
| 芍药 |  |  |  | ✓ | ✓ |  |  |  |  |  |  |  |
| 射干 |  |  |  |  |  |  | ✓ | ✓ |  |  |  |  |
| 石竹 |  |  |  |  | ✓ | ✓ | ✓ | ✓ | ✓ |  |  |  |
| 矢车菊 |  |  |  |  |  | ✓ |  |  |  |  |  |  |
| 蜀葵 |  |  |  |  |  | ✓ | ✓ | ✓ |  |  |  |  |
| 天人菊 |  |  |  |  |  | ✓ | ✓ | ✓ | ✓ |  |  |  |
| 万寿菊 |  |  |  |  |  |  | ✓ | ✓ | ✓ |  |  |  |
| 五色菊 |  |  |  |  |  | ✓ |  |  |  |  |  |  |
| 霞草 |  |  |  |  | ✓ | ✓ |  |  |  |  |  |  |

# 分　类

植物的花是重要的器官

　　草本植物根据其完成整个生活史的年限长短，可分为一年生草本植物（如玉米和大豆）、二年生草本植物（如萝卜和胡萝卜）和多年生草本植物（如薄荷和菊花）。一年生草本植物是指从种子发芽至植株枯萎死亡，寿命只有一年的草本植物，植物当年开花、结实后枯死，如牵牛花、瓜叶菊、葫芦和翠菊等。二年生草本植物是指第一年仅长营养器官，到第二年生长季（春季）开花、结实后枯死的植物，如冬小麦、甜菜和蚕豆等。多年生草本植物是指生活期比较长，一般为两年以上的草本植物，如菊花、荷花和君子兰等。有的多年生草本植物的地上部分随气候条件改变，枯萎或死亡，但其地下部分仍可以存活多年。

　　很多草本植物可以供人类食用，如小麦、粟米、玉米、大麦和高粱等；很多草本植物都可以入药，如人参和桔梗等；还有一些草本植物是优良的饲料，如紫花苜蓿和白车轴草等。而且，大自然中大量的草本植物制造了大量的氧气，同时能够有效地防止水土流失。

## 生 活 史

生活史是指动物、植物和微生物在一生中所经历的生长、发育和繁殖的全部过程。不同的物种具有不同的生活史特征，如一年生、二年生和多年生；一年中只生殖一次和生殖多次；有休眠和无休眠等。

## 植物器官

植物器官是指由不同的细胞和组织构成的结构，分为营养器官和生殖器官两类。植物的器官比较简单，最高等的被子植物有根、茎、叶、花、果实、种子六大器官。

## 水土流失

水土流失是指地球的表面不断受到风、水、冰融等外力的磨损，地表土壤和岩石被破坏，出现移动、堆积过程以及水本身的损失现象，包括土壤侵蚀和水的流失。

# 翠　菊

翠菊

　　翠菊，又名蓝菊、江西腊，属于菊科翠菊属。翠菊品种繁多，花色鲜艳，花型多样，花期较长。它的花和叶可以入药，具有清热凉血的功效。植株喜欢生在温暖、湿润和阳光充足的环境中。

　　翠菊是浅根性植物，株高30～90厘米，植株直立，全株疏生短毛。叶互生，长椭圆形，上部的叶为菱状披针形、长椭圆形或倒披针形，边缘有1～2齿，或线形而全缘；中部的叶为卵形或匙形，顶端渐尖，基部为截形、楔形或圆形，两面疏被短硬毛；叶柄长2～4厘米，背白色短硬毛，有狭翼。头状花序生于茎枝顶端，单生，花径6～8厘米，有长花序梗；总苞片为3层，外层苞片为长椭圆状披针形或匙形，叶质，边缘具有白色长睫毛；中层苞片为匙形，较短，质地较薄，呈紫色；内层苞片为椭圆形，膜质，半透明；花呈红、淡红、蓝、黄或浅蓝紫等色，花冠呈黄色；盘缘花为舌状，呈紫、白、红、蓝等色；盘中花筒状，呈黄色。瘦果为长椭圆状倒披针形，稍扁，长3～3.5毫米，中部以上被柔毛，易脱落。

## 花　序

花序是指花在花序轴（总花柄）上的有规律的排列方式，分为无限花序和有限花序两类。花序有很多种，不同种花序的花梗长短不同，花序上的小花开放的顺序也不同。

## 苞　片

苞片是指位于正常叶和花之间的变态叶，具有保护花芽或幼果的作用。聚生在花序外围的苞片统称为"总苞"，着生于花序梗上的小的苞片称为"小苞片"。

向日葵

## 瘦　果

瘦果是果实的一种类型，属于干果，不开裂，内含1粒种子。瘦果成熟时，果皮坚硬，易与种皮分离。白头翁、向日葵、荞麦、蒲公英、菊科植物等植物的果实为瘦果。

# 菊 花

菊花

　　菊花，又名寿客、傅延年、金蕊，属于菊科菊属，是我国十大名花之一。它的花瓣中含有挥发油、菊甙、菊色素、维生素、微量元素等物质。

　　菊花的不定芽的地下部分可以产生须根，这些须根能够自成体系，形成新的株丛，而上一代根系则随老茎逐渐死亡。植株高30～90厘米；茎呈嫩绿色或褐色，基部半木质化，被柔毛；小枝呈青绿色或带紫褐色，被灰色柔毛或茸毛。单叶互生，为卵形至披针形，长5～15厘米，羽状浅裂或半裂，边缘有缺刻和锯齿。头状花序顶生或腋生，一朵或数朵簇生，花序直径为2～30厘米，具有多种形状；舌状花为雌花，分为下、匙、管、畸四类，有红、黄、白、墨、紫、绿、橙、粉、棕、雪青、淡绿等色；筒状花为两性花，有红、黄、白、紫、绿、粉红、复色、间色等色。种子呈褐色，细小。

## 十大名花

中国十大名花是指兰花、梅花、牡丹、荷花、菊花、月季、桂花、杜鹃花、水仙花和茶花。其中，菊花在我国已有2000多年的栽培历史，传入欧洲之后，被称为"黄金之花"。

## 《菊花》唐·黄巢

待到秋来九月八，我花开后百花杀。冲天香阵透长安，满城尽带金黄甲。

## 挥 发 油

挥发油又称为"精油"，是一类具有挥发性可随水蒸气蒸馏出来的油状液体，大部分具有香气，大多具有发汗、理气、止痛、抑菌的作用。含有挥发油的植物有薄荷、紫苏、藿香、茴香、当归、芫荽、川芎、茵陈蒿、姜等。

菊花的花苞

11

# 草本植物与阳光

阳性植物——郁金香

　　根据植物与光照强度的关系，可以将植物分为阳性植物、阴性植物和耐阴植物三类。阳性植物在强光条件下生长健壮，在荫蔽和弱光条件下生长发育不良，一般寿命较短，如蒲公英、百合、仙客来、风信子、郁金香、瓜叶菊、矮牵牛、虞美人、金鱼草、雏菊等。阴性植物在较弱的光照条件下比在强光下生长得好，如酢浆草、连钱草、观香座莲、兰科植物等。耐阴植物对阳光的耐受性介于阳性植物与阴性植物之间，在全日照下生长良好，但也能忍耐适度的荫蔽，如桔梗、党参、紫萼、玉簪、蛇莓等。

　　根据植物开花过程中对光照时间反应的不同，可以将植物分为长日照植物、短日照植物和中间型植物三类。长日照植物在生长过程中，在一定范围内，光照时间越长，开花越早，如冬小麦、大麦、油菜、菠菜、莳萝、萝卜等。短日照植物在生长过程中，在一定范围内，遮阴时间越长，开花越早，如菊花、水稻、牵牛花、苍耳、大豆等。中间型植物对光照长度没有严格的要求，如番茄、黄瓜、四季豆等。

## 太阳辐射

太阳辐射是指太阳向宇宙空间发射的电磁波和粒子流。一部分太阳辐射直接到达地面；另一部分太阳辐射被大气分子，以及大气中的微尘和水汽等吸收、散射和反射。

## 光照强度

光照强度是指单位面积上所接受的可见光的能量，可以用来衡量光照的强弱，单位为勒克斯。被光均匀照射的物体，在1平方米面积上所得的光通量是1流明时，光照强度为1勒克斯。

阳性植物——虞美人

## 生态系统

一个特定的环境和生活在其中的所有生物统称为"生态系统"。生态系统的范围有大有小，一棵树、一个池塘、一个森林、整个地球都可能是一个生态系统。相邻的生态系统之间存在边界，很多生物可以跨界生存。

# 矮牵牛

　　矮牵牛，又名碧冬茄、灵芝牡丹、毽子花、矮喇叭、番薯花，属于茄科碧冬茄属，原产地为南美洲阿根廷。现在园林绿化中应用的矮牵牛品种均为杂交种，主要有垂吊型、花篱型和大花单瓣型三种类型。垂吊型适合盆栽；花篱型适合在风景区和花园地栽；大花单瓣型适合盆栽和地栽。

　　矮牵牛的植株高15～60厘米，茎基部木质化，全株被黏毛；嫩茎直立，老茎匍匐状，多分枝，绿色。单叶互生，上部叶对生，卵形；叶长3.5～5厘米，宽2～3.5厘米，纸质，深绿色，全缘；几乎没有叶柄；全株具白色腺毛，手感黏重。花单生于叶腋处或顶生，花较大，花冠漏斗状，边缘5浅裂；花的直径为4～7厘米，花瓣边缘变化大，有平瓣、波状、锯齿状瓣，

矮牵牛

呈白、粉、红、紫、蓝、黄等色，另外有双色、星状和脉纹等。果实为蒴果，种子细小。

## 木 质 化

木质化是指细胞壁由于木质素的沉积而变得坚硬牢固，使植物的支持的力量加强。木本植物的木质化程度要高于草本植物。

## 叶 腋

叶腋是指叶柄与枝交接的地方，生长于叶腋处的侧芽称为"腋芽"，一般只有1个，有一些植物也可能有2～3个。大多数的侧芽都是腋芽，腋芽能够长成侧枝。

## 蒴 果

蒴果是果实的一种类型，属于裂果，由复雌蕊构成。果实成熟后能开裂，有背裂、腹裂、孔裂、齿裂和盖裂等方式。百合、鸢尾、牵牛花、虞美人、石竹、马齿苋等植物的果实为蒴果。

虞美人的果实

# 玉 簪

玉簪

　　玉簪，又名玉春棒、白鹤花、玉泡花、白玉簪，属于百合科玉簪属。玉簪耐阴，可种植于林下或建筑物周围背阴的地方。玉簪以全草或根入药，具有散瘀止痛、解毒的功效，内服可以治疗胃痛、跌打损伤、鱼骨梗喉等症，外敷可以治疗虫蛇咬伤、疔疮等症。玉簪的嫩芽可供人类食用。它对二氧化硫的抗性强，对氟化物很敏感，还可以吸收硫等有害气体，可作为大气氟污染的指示和监测植物。

　　玉簪的根为须根，数量很多；地下茎横走，根状茎非常短，常弯生，粗达1.5厘米，长3～5厘米。叶基生成丛，卵形至心状卵形，基部心形，叶脉平行，叶端尖，碧绿，呈弧状。总状花序顶生，高于叶丛，管状漏斗形，浓香；花葶高出叶片，着花9～15朵；苞片1枚，裂片6枚短于筒部，雄蕊6枚，花柱极长，花呈白色。蒴果为三棱状圆柱形，种子细小。

## 二氧化硫

二氧化硫是无色气体，有强烈刺激性气味，是最常见的硫氧化物，是大气主要污染物之一，具有酸性，溶于水中会形成亚硫酸，亚硫酸是酸雨的主要成分。煤和石油燃烧时会产生二氧化硫。

## 氟 化 物

氟化物是指含负价氟的化合物。在天然饮用水和食物中都有低浓度的氟化物存在，地下水中的氟含量更高一些。萤石和氟磷灰石是常见的氟化物。

## 指示植物

指示植物是指在一定区域范围内能指示生长环境或某些环境条件的植物，按指示对象分为土壤指示植物、气候指示植物、矿物指示植物、环境污染指示植物和潜水指示植物。

玉簪的花

# 郁 金 香

郁金香

　　郁金香，又名洋荷花、草麝香、郁香，属于百合科郁金香属，是重要的春季球根花卉。它的花朵形似荷花，花色繁多，色彩丰润、艳丽。它的鳞茎和根可以药用，根和花可做镇静剂。郁金香的鳞茎有毒，接触它的叶子也可能导致皮肤出现过敏症状，药用时，需要严格按照医嘱使用。植株耐寒、不耐热，喜欢生长于向阳和避风的环境中。

　　郁金香的根为须根；鳞茎扁圆锥形或扁卵圆形，长2厘米左右，内有肉质鳞片2~5枚，光滑具白粉。基生叶2~3枚，较宽大；茎生叶1~2枚，长椭圆状披针形或卵状披针形。花于茎顶单生，一般有6枚花瓣，花瓣为倒卵形，呈鲜黄色或紫红色，具黄色条纹和斑点；花药长0.7~1.3厘米，花丝基部宽阔；雌蕊长1.7～2.5厘米，花柱3裂至基部，反卷；花型有杯型、碗型、卵型、球型、钟型、漏斗型、百合花型等，有单瓣和重瓣品种；花呈白、粉红、洋红、紫、褐、黄、橙等色。果实为蒴果，种子扁平。

## 球根花卉

　　球根花卉是指根部呈球状或具有膨大地下茎的多年生草本花卉，分为鳞茎类、球茎类、块茎类、根茎类和块根类。水仙、郁金香、风信子、百合、鸢尾、唐菖蒲、马蹄莲、仙客来和荷花等都是常见的球根花卉。

郁金香

## 花　药

　　花药是指花丝顶端膨大呈囊状的部分，是雄蕊的重要组成部分，通常由4个或2个花粉囊组成，花粉囊左右对称分开，中间以药隔相连。花粉囊是产生花粉的地方，花粉成熟后，花粉囊裂开花粉粒就会散出。

## 花　柱

　　花柱是指柱头和子房间的连接部分，是花粉管进入子房的通道，多为细长的结构，也有的花柱极短不明显。花柱的内部结构有开放型（中空的）和闭合型（实心的）两种类型。

# 草本植物与水分

抗旱的植物

　　水是植物体的重要组成成分，植物体的60％～80％是水分。土壤中的矿物质、氧、二氧化碳等都必须在溶于水后，才能被植物吸收。水能使植物器官保持挺立状态，以利于各种代谢的正常进行。水还作为反应物质参加植物体内多种化学反应。植物的生命活动不能缺少水。

　　不同的植物长期生活在不同的环境条件下，形成了不同的生态习性和类型。植物为了进行正常生活必须使根吸收水和叶片蒸腾水保持适当的平衡，要维持水分平衡就必须增加根的吸水能力和减少叶片的水分蒸腾。根据植物对水分的需要，陆生植物通常分为旱生植物、中生植物和湿生植物三类。旱生植物生长在干旱的环境中，能忍受较长时间的干旱，具有较强的抗旱能力，主要分布在干热的草原和荒漠地区，如芦荟、罗布麻、仙人掌类植物等。湿生植物生长在潮湿的环境中，不能忍受较长时间的水分不足，抗旱能力较差，如莎草科植物等。中生植物生长在水湿条件适中的环境中，其形态结构和适应性多介于湿生植物和旱生植物之间。

水生植物

## 溶　剂

溶剂通常是透明、无色的液体，拥有比较低的沸点，容易挥发，大多具有独特的气味。在日常生活中最常见的溶剂有水、乙醇和汽油等。溶剂分为无机溶剂和有机溶剂两大类。

## 水解反应

水解反应是指水与另一种化合物通过反应，得到两种或两种以上新的化合物的反应过程。根据被水解物质的性质，水解剂可以选用氢氧化钠水溶液、稀酸或浓酸等，有时还可选用氢氧化钾、氢氧化钙、亚硫酸氢钠等化学物质的水溶液。

## 蒸腾作用

蒸腾作用是指水分从具有生命力的植物体表面（主要是叶子）的气孔以水蒸气的状态散失到大气中的过程。蒸腾作用受外界环境条件的影响，还受植物本身的调节和控制。

# 根的作用

    植物的根是植物的营养器官，一般生长在地下。根将植物的地上部分牢固地固着在土壤中，同时支持植物地上部分的叶、枝和茎。根能够从土壤中吸收水分和溶于水的营养成分，这些物质通过木质部的导管被输送到地上部的茎和叶中。叶制造的有机物质通过茎被输送到根部，再由根的微管组织输送到根的各部分，维持植物的生长。许多植物的根与土壤中的微生物建立了共生关系，在植物体上形成了菌根或根瘤，如玉米、马铃薯等。

    根一般分为主根、侧根和不定根。当种子萌发时，胚根发育成幼根突破种皮，与地面垂直向下生长，称为"主根"。当主根生长到一定程度，从其内部生出许多直根，称为"侧根"。除了主根和侧根外，在茎、叶或老根上生出的根，称为"不定根"。

植物的根

## 维管组织

维管组织是植物体内主要起输导作用的组织，由木质部和韧皮部组成。木质部包括导管、管胞、木薄壁细胞和木纤维等；韧皮部包括筛管、筛胞、伴胞、韧皮薄壁细胞和韧皮纤维。

## 共生关系

有些根际微生物通过某种方式能够进入植物的根内，从中摄取养料，而植物也能利用这些根际微生物的作用获得所需营养物质，两者形成互利共生的关系，这种关系称为"共生"。

## 根　　瘤

根瘤是指豆科植物的根系上生长的各种形状和颜色的瘤状突起，它是豆科植物与根瘤菌的共生结构，能够合成植物自身所需的含氮化合物。根瘤菌固氮效率高、不污染环境。

草本植物的根系

# 根　系

　　一株植物所有根的总和，统称为"根系"。根系可分为直根系和须根系两类。直根系的主根粗壮发达，主根与侧根区别明显，如棉花、大豆、油菜、蒲公英、番茄等大多数双子叶植物的根系。须根系主要由不定根组成，主根生长缓慢或停止，其他根粗细相近，无主次之分，呈丛生状态，如单子叶植物中的小麦、水稻、玉米等禾本科植物与葱、蒜、韭菜、百合等鳞茎植物。

　　根据在土壤中的分布状况，根系可以分为深根系和浅根系。一般来说，直根系多为深根系，须根系多为浅根系。深根系主根发达，垂直向下生长，入土深，如大豆、蓖麻、牵牛花、甘草、芦苇等。浅根系主根不发达，侧根或不定根向四周扩展，长度远远超过主根，大部分根系分布于土壤浅层，如玉米、小麦、水稻、车前等。

　蒲公英

洋葱鳞茎

## 主　根

　　种子萌发时，胚根最先突破种皮，向下生长，由胚根生长出来的根称为"主根"，有时也称为"直根"或"初生根"，是植物体上最早出现的根。

## 侧　根

　　主根一直垂直地面向下生长，当生长到一定长度时，在一定部位从内部侧向生长出许多支根，这些支根称为"侧根"。当侧根长到一定长度时又能生长出新的侧根。

## 不　定　根

　　许多植物除具有定根外，还能从茎、叶、老根或胚轴上生出根来，这些根发生的位置不固定，统称为"不定根"。不定根也可以侧向生出各级侧根。

# 车　前

车前的花序

　　车前，又名车轮菜，属于车前科车前属，同属植物还有平车前、北车前、披针叶车前，大约有200种。车前的适应能力极强，主要生长于田野中，全国各地均有分布。它的全草可入药，具有清热利尿、渗湿止泻、明目、祛痰的功效，将叶捣碎外敷，可以治疗蚊虫叮咬、烫伤、有毒植物蜇伤等，印度车前子种皮粉是良好的膳食纤维补充剂，还可以治疗便秘。春天，车前的嫩苗和嫩叶可以食用。车前属的绝大部分为草本植物，也有少数品种是能长到60厘米高的灌木。

　　车前的根为须根，植株高10～30厘米，茎非常短。单叶基生，呈莲座状；叶片为宽卵形或椭圆状卵形，基部为圆形或宽楔形，渐狭成柄，先端钝或稍钝，全缘或疏生不明显的钝齿，两面无毛或散生毛茸；叶脉为弧形，有5～7条。穗状花序由叶丛中伸出；花冠筒状，呈淡绿色。果实是蒴果，为椭圆形，盖裂，初期呈绿色，后期呈黄色。种子呈黑色。

## 膳食纤维

膳食纤维是一类不易被人体消化的营养成分，主要来源于植物的细胞壁，包含纤维素、半纤维素、树脂、果胶、木质素等，分为可溶性膳食纤维和不可溶性膳食纤维两种。

## 灌　木

灌木是指没有明显主干的多年生木本植物，一般较矮小，高在5米以下，呈丛生状态，可分为观花、观果和观枝干等种类。玫瑰、杜鹃、牡丹、连翘、迎春、月季、荆、茉莉等植物是常见的灌木。

## 花　冠

花冠由花萼内侧的花瓣组成，这些花瓣排成一轮或数轮。花瓣细胞中含有色素。有些植物的花瓣具有分泌结构，可释放香味和蜜汁，以吸引昆虫传粉，保护雌蕊和雄蕊。

车前

# 雏　菊

雏菊

　　雏菊，又名地洋菊、延命菊、春菊、太阳菊、马兰头花、长命菊，属于菊科雏菊属，原产于西欧。雏菊花梗高矮适中，花朵整齐，色彩素净，是重要的地被花卉。此花含有挥发油、氨基酸和多种微量元素，其中黄酮的含量比其他的菊花高32%～61%。雏菊具有清热明目等功效，同时还有净化空气、预防蚊虫的作用。

　　雏菊的根为须根。植株高15～20厘米，茎具毛。叶基着，簇生，长匙形或倒长卵形，基部渐狭，先端钝，上半部边缘有疏钝齿或波状齿。头状花序单生；舌状花为1轮或多轮，条形，舌片白色带粉红色，开展，全缘或2～3齿；管状花多数，两性，均能结实；花葶被毛，自叶丛中抽出，通常每株抽花10朵左右；总苞片有两层，长椭圆形，外面被柔毛。瘦果倒卵形，扁平，有边脉，被细毛，无冠毛。种子小，成熟期不一，需及时采种，以免散失。植株较耐寒，喜冷凉气候，通常可露地覆盖越冬，但重瓣大花品种耐寒能力较弱。

## 舌 状 花

舌状花为合瓣花，花冠下部连合成管状（或称筒状），上部连合成扁平舌状，常见于菊科植物花序的边缘，有红、黄、白、墨、紫、绿、橙、粉、棕、雪青、淡绿等色。

## 管 状 花

管状花，又称为"筒状花"，为合瓣花，花冠连合成管状，缘部5裂，常见于菊科植物花序的中央部分。管状花与舌状花共同构成头状花序。

## 花 柄

花柄是指每一朵花着生的小枝。它支持着花，使花各向展开，同时将各种物质由茎运至花中。不同植物花柄的长度不同。有的植物没有花柄。

菊科植物

# 变 态 根

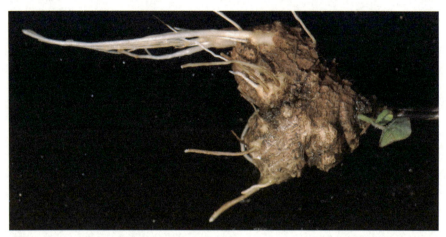

贮藏根

　　植物为了适应不同的生活环境，根的功能有所变化，根的形态结构也相应地发生了变化。

　　有些植物能从茎干上长出一些柱状的不定根，向下伸入土中，以支持植物体，称为"支柱根"，如玉米。有些植物的茎能长出不定根，暴露于空气中，称为"气生根"。气生根除了能够吸收空气中的水分之外，还能攀援在其他的物体上，如紫葳、玉米、番茄等。有些植物的主根柔弱，必须从茎节上长出不定根攀附在其他的物体上，称为"附生根"，如胡椒、常春藤、络石等。贮藏根的外形肥大，有时又被称为"块根"或"球根"。贮藏根内含丰富的养料和水分，如萝卜、胡萝卜、番薯、党参、白芷、黄芪、何首乌、三七等。生长在沼泽或近海地带的植物，由于不能从土壤中获得充足的氧气，支根暴露出泥沼表面，以协助植物体进行呼吸，称为"呼吸根"。某些植物能寄生在其他植物体上，并能以根部吸收寄主的营养物质，如槲寄生、菟丝子、桑寄生等。

## 板　根

生长于热带雨林的木本植物一般都非常巨大，幼小的根不能支撑住这些植物的地上部分，有些植物在树干基部向四周生长出板状的突起物，这些突起物称为"板根"。

## 沼　泽

沼泽是指地表过湿或有薄层常年或季节性积水，土壤水分几乎达到饱和的地段。喜湿性和喜水性沼生植物一般生长于沼泽之中。沼泽具有净化空气的作用。

贮藏根

## 槲　寄　生

槲寄生，又名北寄生、冬青、黄寄生、冻青，属于桑寄生科槲寄生属，常寄生于苹果、白杨、松等植物上，对寄主的影响较大，常导致寄主死亡。槲寄生带叶的茎和枝可以入药。

31

# 萝 卜

　　萝卜属于十字花科萝卜属,起源于欧洲。其营养丰富,富含淀粉酶等多种酶,具有良好的食疗保健和药用价值,即可熟食,又可生食,还可加工腌渍和晒干。萝卜嫩芽苗平直鲜嫩,风味独特,富含各种维生素和矿物质。

　　萝卜为浅根系植物。它的肉质根既是产品器官,又是贮藏器官,有长圆筒形、圆锥形、圆形、扁圆形,皮色有白、绿、红、紫等颜色,肉色有白、红、紫、绿等色。叶在营养生长期丛生于短缩茎上;叶形有花叶和板叶两种;叶片有淡绿、浓绿等色,叶柄有绿、红、紫等色;叶丛伸展有直立、平展和斜生三种方式。花序为总状花序,主枝先开花,全株自上而下逐渐开放,花瓣4枚呈十字形,花有白、粉红、淡紫等色。一般白萝

卜花为白色，青萝卜花为紫色，红萝卜花为浅粉红色或白色。果实为角果，成熟时不开裂。种子为不正球形，种皮为浅黄色至暗褐色。

## 酶

酶是指由氨基酸组成的具有特殊生物活性的物质，它存在于所有活的动植物体内，是维持机体正常功能、消化食物、修复组织等生命活动的一种必需物质。它能够加快生化反应的速度，但不改变反应的方向和产物。

萝卜的幼苗

## 维 生 素

维生素是指人和动物为维持正常的生理功能而必须从食物中获得的一类微量有机物质，是维持机体正常生长必不可缺的化合物。一般按其溶解性质分为水溶性和脂溶性两大类。

## 营养生长期

营养生长时期是指植物从种子萌动、出苗，到肉质根肥大的整个过程。在萝卜的生长过程中，根据生长特点的变化，营养生长时期可分为发芽期、幼苗期和肉质根生长期。

# 茎的作用

草本植物的茎

　　茎是植物的地上部分，茎上着生叶、花和果实。茎的主要功能是输导和支持。茎能将根从土壤中吸收的水分和无机盐通过木质部运输到地上各部分，同时又能将叶光合作用制造的有机养料通过韧皮部运送到根及植物体的各个器官。茎向上承载着叶，向下与根系相连，其内的微管组织使二者联系到一起。茎还有支持叶、花和果实的功能，有利于光合作用、开花和传粉的进行，以及果实和种子的成熟和散布。茎还有贮藏和繁殖的功能，在茎的薄壁组织中，贮藏有大量的营养物质。

　　茎具有支持、运输和贮藏的作用。有些植物可以利用茎进行繁殖，如马铃薯、荸荠、洋葱等。不少植物的茎可以形成不定根和不定芽，具有营养繁殖的作用。草莓的茎上可以长出不定根，从而进行繁殖。牵牛花、黄瓜和葡萄等植物的茎细长而柔软，可以缠绕支撑物向上生长。茎的外部形态多种多样，如三棱形、四棱形、扁平形，但大多数植物的茎呈圆柱形。

## 无 机 盐

无机盐，又称为矿物质，是指无机化合物中的盐类，在生物细胞中只占鲜重的1%～1.5%，包括钙、磷、钾、硫、钠、氯、镁、铁、锌、硒、钼、氟、铬、钴、碘等。

## 木 质 部

木质部是维管植物的运输组织，能够将根吸收的水分和无机盐向上运输，以供其他器官组织使用，同时具有支持植物体的作用，一般由导管、管胞、木纤维、木薄壁组织细胞以及木射线构成。

## 韧 皮 部

韧皮部是维管植物的运输组织，能够将叶片中形成的光合产物运输至植物体的各器官组织，同时具有支持、贮藏等功能，一般由筛分子、厚壁组织细胞和薄壁组织细胞构成。

草本植物的茎

# 茎的分类

马齿苋

　　按照生长习性，茎可分为直立茎、缠绕茎、攀援茎和匍匐茎四种类型。直立茎背地面生长，直立，大多数植物的茎均属直立茎，如玉米、向日葵、蒲公英等。缠绕茎幼时较柔软，不能直立，以茎本身缠绕于他物向上生长。按照缠绕方向，可分为左旋（逆时针）缠绕茎（如茑萝、牵牛、菜豆、马兜铃）、右旋（顺时针）缠绕茎（如忍冬）和中性缠绕茎（如何首乌）。攀援茎幼时较柔软，不能直立，以其特有的形态结构攀援他物向上生长。匍匐茎细长柔弱，平卧于地面，蔓延生长，节间较长，节上能生补丁根，如番薯、草莓等。

## 茑 萝

　　茑萝，又名五角星花、密萝松、狮子草等，属于旋花科番薯属，为一年生草质藤本植物。茑萝的每个花梗上着生数朵小花，花冠深红色，花开时酷似红色的五角星，早晨开花，中午即萎蔫。

## 忍 冬

　　忍冬，又名金银藤、二色花藤、二宝藤、子风藤、鸳鸯藤等，属于忍冬科忍冬属，为多年生木质藤本植物。忍冬的花蕾和初开的花称为"金银花"，带叶的茎枝称为"忍冬藤"，金银花和忍冬藤均可入药。

## 番 薯

　　番薯，又名山芋、地瓜、甘薯等，属于旋花科番薯属，为一年生草本植物，平卧于地面上。番薯富含蛋白质、淀粉、果胶、纤维素、氨基酸、维生素和多种矿物质，可以食用、酿酒或饲用。

攀援茎

# 变 态 茎

地锦的茎

　　有些植物的茎在长期适应某种特殊环境的过程中，逐渐改变了原来的形态，称为"变态茎"，主要有茎卷须、茎刺、根茎、块茎、鳞茎和球茎等。在植物的茎节上，长出由枝条变化成可攀援的卷须，称为"茎卷须"，这种茎常见于攀援植物。有些植物在卷须分枝的末端，茎卷须膨大成盘状，能够分泌黏质，成为一个个吸盘，黏附于其他物体上，使植物体不断向上生长，如爬山虎。在植物的茎节上，长出的枝条发育成刺状，称为"茎刺"。有些多年生植物的地下茎的形状如根，称为"根茎"，如芦苇、莲、黄精、白茅、姜。某些植物的地下茎的末端膨大，形成块状体，称为"块茎"，如马铃薯、菊芋、山药、半夏等。某些植物的茎变得非常短，呈扁圆盘状，外面包有多片变化了的叶，称为"鳞茎"，如洋葱、大蒜、百合、文殊兰、风信子、贝母等。某些植物的地下茎先端膨大成球形，称为"球茎"，如荸荠、芋艿、唐菖蒲、番红花、白芨等。

## 攀援植物

攀援植物是指茎细长不能直立，须攀附支撑物向上生长的植物，按茎的质地可分为木质和草质两大类；按攀援习性可分为缠绕类、吸附类、卷须或叶攀类、攀靠类等几大类。

## 吸　　盘

攀援植物的吸盘的原理与生活中常见的吸盘的原理一致，植物依靠吸盘沿攀援物向上生长。有一些动物也具有吸盘，如章鱼、蚂蟥等，动物依靠吸盘移动或牢牢地抓住猎物。

## 地　下　茎

地下茎是指在地下水平生长的粗壮的茎，其上可以长出新的根和芽，分为根状茎、块茎、球茎等几种。具有地下茎的植物主要有竹、莲、芦苇、马铃薯、荸荠、芋头、洋葱等。

根状茎

# 文 殊 兰

　　文殊兰，又名十八学士、白花石蒜，属于石蒜科文殊兰属，为常绿球根花卉，常生于海滨地区或河旁沙地。叶和根可以药用，有行血散瘀、消肿止痛的疗效，可治疗跌打损伤、头痛等。植株高可达1米。鳞茎长圆柱形，直径为10～15厘米，高30～60厘米。叶密生，在鳞茎顶端呈莲座状排列，条状披针形，长60～100厘米、宽10～14厘米，边缘波状。伞形花序由10～20朵花组成，傍晚时发出芳香；每朵花有6枚细长的花瓣，中间呈紫红色，两侧呈粉红色，盛开时向四周舒展；雄蕊呈淡红色，花药线形；子房纺锤形，花葶从叶腋抽出，着花10～20朵；花被片线性，宽不及1厘米，花被筒细长，花被裂片及花被筒均较短；花呈白色，具芳香，花香浓郁。果实为蒴果，球形；种子大，呈绿色。

伞形花序

## 伞形花序

花序是指许多花按照一定的规律排在总花轴上。许多花柄近于等长的花集中着生于一短缩的花轴顶端，各花排列呈圆顶形或开伞形，如葱、人参等。

## 雄　蕊

雄蕊是种子植物产生花粉的器官，位于花被的内侧或上方，在花托上呈轮状或螺旋状排列，由花丝和花药两部分组成。一朵花中全部雄蕊称为"雄蕊群"。

## 子　房

子房是被子植物生长种子的器官，位于花的雌蕊下面，一般略为膨大，由子房壁和胚珠两部分组成。胚珠受精后可以发育为种子，子房受精后可以发育成果实。

# 唐菖蒲

　　唐菖蒲，又名菖兰、剑兰、扁竹莲，属于鸢尾科唐菖蒲属，原产于南非好望角，为世界著名切花之一，品种繁多，花色艳丽，花期长，花姿极富装饰性，可作花篮、花束、瓶插等。球茎可以药用，具有清热解毒、散瘀消肿的功效。新鲜球茎捣成汁后，外敷，可治疗咽喉肿痛、腮腺炎等症。

　　唐菖蒲的根为须根和收缩根。植株高90～150厘米，茎直立，基部扁圆形或卵圆形球茎，外被膜质鳞片。球茎上有芽眼3～6个，成直线排列，中间的为主芽，旁边的为侧芽。叶剑形，嵌迭为二列状，抱茎互生，6～9枚，长35～60厘米，宽4～6厘米，硬质；叶梢锐尖，叶脉6～8条，凸起显著，呈平行状。花序为穗状花序，每个花穗着花8～24朵，通常侧向一边，排成两列，少数为四面着花；花生于草质佛焰苞内，无梗，花大形，左右对称、花冠直

唐菖蒲

径为8～16厘米，由下向上渐小，花朵由下向上渐次开放；花冠筒呈膨大的漏斗形、喇叭形、钟形等，稍向上弯曲；有白、黄、粉、红、紫、蓝等深浅不一的单色或复色，或具斑点、条纹或呈波状、褶皱状。果实为蒴果，背裂，内含种子15～70粒。种子呈深褐色，扁平，有翼。植株夏季喜凉爽气候，不耐炎热，喜光，忌寒冷。

## 收 缩 根

收缩根是由于根内维管组织和皮层细胞形态的变化而引起明显纵向收缩的根。常发生于一些单子叶植物，如绵枣儿属、蒲公英属植物具有收缩根。

## 抱 茎

抱茎是指植物的叶不具有叶柄，直接生长于茎上，而且叶片基部包围着茎的一种生长方式。叶片抱茎生长的植物主要有抱茎柴胡、抱茎苦荬菜、抱茎凤仙花、抱茎铁线莲等植物。

抱茎苦荬菜

## 佛 焰 苞

佛焰苞是天南星科植物所特有的一种花序，是肉穗花序的一种，有绿色、白色、黄色、红色等颜色，常被误认为是花穗。肉穗花序是指许多无柄的单性花着生于一短粗肥厚的肉质花序轴上。

# 叶的作用

草本植物的叶

　　叶是绿色植物进行光合作用的主要器官，合成有机物质，同时放出氧气，为整个生物界的生存与发展提供必需的条件。蒸腾作用也是通过叶完成的，促进植物对水分和无机盐的吸收与运转，以利于二氧化碳进入叶内，完成光合作用。

　　叶还有一些特殊的功能。秋海棠、落地生根等植物的叶具有繁殖能力；豌豆小叶变为卷须，具有攀援能力；洋葱和百合等植物的鳞叶，内含大量养料，具有贮藏作用；仙人掌类植物的叶变成刺等。有些草本植物的叶子，是人类食用的主要部分。有一类蔬菜就是以叶为主要食用部分的，称为"叶菜类蔬菜"，包括白菜类、绿叶菜类、葱韭类等。

## 光合作用

光合作用是指绿色植物利用叶绿素，在可见光的照射下将二氧化碳和水转化为有机物，并释放出氧气的过程。有一些细菌也能够进行光合作用。光合作用是地球上生物生存的关键。

## 二氧化碳

二氧化碳是一种在常温下无色无味无臭的气体，略溶于水，由一个碳原子和两个氧原子组成。二氧化碳是一种温室气体，固体二氧化碳称为"干冰"。

## 绿叶蔬菜

绿叶蔬菜是指以幼嫩的绿叶或嫩茎为主要食用部分的蔬菜，如莴苣、芹菜、菠菜、茼蒿、苋菜等。这类蔬菜生长迅速，植株矮小，常作为高杆蔬菜的间作物或套作物。

莴苣

# 叶的分类

复叶

　　叶按形态分为单叶和复叶两类。单叶是指叶柄上生有一个叶片的叶,如百合、杨、柳、桃、番薯、桑树、油菜、蓖麻等。复叶是指在一个叶柄上生有多个小叶片的叶。复叶根据小叶片的数量和着生方式分为羽状复叶、掌状复叶、三出复叶和单身复叶等。小叶在叶轴的两侧排列成羽毛状,称为"羽状复叶",如蕨类植物、月季、含羞草、合欢、番茄。叶轴退化,总叶柄顶端以放射状着生了许多有柄或无柄的小叶,小叶都生在叶轴顶端,排列成掌状,称为"掌状复叶",如大麻、杜荆。仅有3片小叶着生在总叶柄的顶端,称为"三出复叶",如苜蓿、酢浆草等。单生复叶形似单叶,其两侧的小叶退化不存在,顶生小叶的基部和叶轴交接处有一个关节,叶轴向两侧延展,常成翅。

# 百　合

　　百合，又名番韭、山丹，属于百合科百合属，为多年生草本植物。我国是百合起源地之一，百合在我国有悠久的栽培历史。百合的地下鳞茎可以食用，花和种子可以入药。

## 紫花苜蓿

　　紫花苜蓿属于豆科苜蓿属，为多年生草本植物，含有丰富的蛋白质、矿物质和维生素等营养物质，具有极高的饲用价值，素有"饲草之王"的美誉。紫花苜蓿也是重要的蜜源植物。

百合的幼苗

## 蕨类植物

　　蕨类植物是高等植物中比较低级的一门，是最原始的维管植物，具有明显的世代交替现象，大多数为草本植物，少数为木本植物，通常可分为水韭、松叶蕨、石松、木贼和真蕨五纲。

# 含 羞 草

含羞草又名感应草、喝呼草、知羞草、怕丑草，属于豆科含羞草属，原产于热带美洲。本属的种类繁多，约有400种，我国有3种，在我国南方有野生的含羞草。含羞草的全草入药，具有清热利尿、化痰止咳、安神止痛、解毒、散瘀、止血、收敛等功效，可用于治疗感冒、小儿高热、急性结膜炎、支气管炎、神经衰弱等症；外用治跌打肿痛、疮疡肿毒、咯血、带状疱疹等症。含羞草体内的含羞草碱是一种有毒物质，人体过度接触后会使毛发脱落。

含羞草的主根短而粗，由侧根及多数须根，组成强大的须根系。植株高30～60厘米，茎蔓生，分枝多，遍体散生倒刺毛和锐刺。叶为羽状复叶，2～4枚呈手掌状排列。花序为头状花序，长圆形，呈淡红色，生于叶腋，花萼

含羞草

钟状。果实为荚果，扁平，长1.2～2厘米，宽约0.4厘米，边缘有刺毛。小叶细小，羽状排列，用手碰触小叶，小叶接受刺激后，即会合拢，如震动力大，可使刺激传至全叶，则总叶柄也会下垂，甚至也可传递到相邻叶片使其叶柄下垂，因此得名"含羞草"。

## 锐　　刺

　　锐刺主要有茎刺和皮刺两种。有些植物（山楂）的部分地上茎变态为刺，位于叶腋，由腋芽发育而成，不易脱落，具保护作用，称为"茎刺"；有些植物（蔷薇、月季等）的茎上长刺，数目较多，分布无规则，称为"皮刺"。

## 花　　萼

　　花萼是指位于花冠外面的绿色被片，它包被在花的最外层，在花朵尚未开放时，起着保护花蕾的作用。有的植物还具有副萼（棉花）、离萼（白菜）、合萼（丁香）、宿存萼（番茄）等。

## 荚　　果

　　荚果是裂果的一种，是由单雌蕊发育而成的果实，成熟后能开裂。果实为荚果的植物有大豆、豌豆、蚕豆、花生、含羞草、苜蓿等。

含羞草

# 叶的形状

三叶草的叶子

　　叶形主要有针形（松树、云杉）、披针形（桃、柳）、矩圆形、椭圆形（芫花、樟树）、卵形（向日葵、苎麻）、圆形（彩叶草、板蓝根）、条形（松柏、羽叶杉、红杉）、匙形（番杏）、扇形（岩银杏草）、镰形、肾形（细辛）、倒披针形、倒卵形（赤芍、二乔玉兰）、倒心形、提琴形（鸢尾、苦茄、一品红）、菱形（杜鹃、秋兰）、楔形、三角形、心形（酢浆草、牵牛花）、鳞形等。

　　叶缘的类型有全缘（鸡冠花、金鱼草、金盏菊、百日草）、浅波状（穿心莲）、深波状、锯齿状（艾草、菊花、蒲公英、山楂、非洲凤仙花、玫瑰、朱槿、榆树、茶花、桑树、彩叶草）、牙齿状、条裂（条裂叶报春）、浅裂、深裂（黄芩、乌头、栎树、羽衣甘蓝）、羽状深裂（万寿菊）、羽状浅裂、掌状半裂（大黄）等。

　　叶端的形状有芒尖（知母、芒尖苔草）、骤尖（艾麻、细尾楼梯草、茜草）、尾尖（东北杏、尾尖茴芹、尾尖凤毛菊）、渐尖（乌桕）、锐尖（慈竹、锐齿山香圆）、凸尖（越橘）、钝形（梅花草、厚朴）、截形（火棘、鹅掌楸、蚕豆）、微凹（马蹄金、黄檀、冬青、虎耳草）、倒心形（马鞍叶羊蹄甲、酢浆草）。

## 向 日 葵

　　向日葵，又名太阳花，属于菊科向日葵属。它的花序为盘型，宽达30厘米，随太阳的移动而转动，因此得名。向日葵种子称为"葵花籽"，俗称为"瓜子"，可以作为零食，也可以榨油。

## 板 蓝 根

　　板蓝根，又名大青根，是一二年生草本植物菘蓝的根，具有清热解毒、凉血消肿、利咽的功效。菘蓝属于十字花科菘蓝属，它的叶称为"大青叶"，也可以入药。

全缘的叶子

## 竹

　　竹，属于禾本科，为多年生草本植物。竹的地下茎称为"竹鞭"，幼芽称为"竹笋"，嫩的竹鞭和竹笋味道鲜美、营养丰富可以食用。竹在我国是岁寒三友（梅、松、竹）之一，也是四君子之一（梅、兰、竹、菊）。

# 彩 叶 草

　　彩叶草，又名锦紫苏、洋紫苏、五色草，属于唇形科鞘蕊花属。中小型盆栽多用于室内摆设，可以选择颜色浅淡、质地光滑的套盆来衬托彩叶草华美的叶色。为使植株株形美丽，常将未开的花序剪掉，置于矮几和窗台上欣赏。彩叶草的叶可以药用，主治蛇伤。

　　彩叶草的主根不明显，短而粗壮，主要为须根系。植株高15～20厘米，茎横卧。全株有毛，茎四棱形，基部木质化。

单叶对生，卵圆形，先端长渐尖，叶缘具钝齿牙，叶可长至15厘米。叶面绿色，有淡黄、桃红、朱红、紫等色彩鲜艳的斑纹，常呈不规则或镶边排列。花序为总状花序，顶生；花一般比较小，有浅蓝或浅紫等色；花冠二唇，上唇呈白色，下唇呈蓝色，二强雄蕊。果实为坚果，比较小，平滑，有光泽。种子细小。

*穗状花序*

## 总状花序

总状花序是穗状花序的一种，花轴不分枝，较长，自下而上依次着生许多有柄小花，各小花花柄等长，着生在花轴下面的花朵发育较早，而接近花轴顶部的花发育较迟，开花顺序由下而上，如白菜。

## 二强雄蕊

植物的花有雄蕊4枚，其中2枚较

彩叶草

长、2枚较短，这种雄蕊称为"二强雄蕊"。具有二强雄蕊的植物以唇形科（马鞭草、迷迭香、薄荷、薰衣草等）和玄参科（玄参、金鱼草等）植物为代表。

## 唇 形 科

唇形科是双子叶植物纲菊亚纲的一科，有200多属、3500多种，我国有99属、808种。本科植物多含有芳香油，如薄荷、百里香、薰衣草、罗勒、迷迭香等。本科的藿香、丹参、薄荷、紫苏、荠苧、夏枯草、益母草等可入药。

# 叶　序

万寿菊的叶

　　叶序是指叶在茎或枝上着生排列方式及规律。常见的有以下几种：叶着生的茎或枝的节间部分较长而明显，各茎节上只有一枚叶着生，称为"互生"，如百合、翠菊、鸡冠花、小麦、水稻、金盏菊、麦秆菊、月季、牡丹、扶桑。叶着生的茎或枝的节间部分较长而明显，各茎节上有两枚叶相对着生，称为"对生"，如一串红、芝麻、薄荷、金鱼草、百日草、万寿菊、老鹳草、荨麻、茉莉、桂花、木槿。叶着生的茎或枝的节间部分较长而明显，各茎节上叶片轮状着生，称为"轮生"，如夹竹桃、垂盆草、七叶一枝花、佛甲草、轮叶龙胆、刺柏。叶着生的茎或枝的节间部分较短而不显，各茎节上着生一枚或数枚叶片，称为"簇生"，如金钱松、落叶松、黄瓜香、铁角凤尾草。叶着主的茎或枝的节间部分较短而不显，叶片两枚或数枚自茎节上发出，称为"丛生"，如玉簪、勋章菊、紫菀、大丁草、菊科、射干、麦冬、荠菜、血草、点地梅、柴胡。

## 小　麦

　　小麦属于禾本科，为一二年生草本植物，是世界上分布最广的粮食作物，在我国已有5000多年栽培历史。小麦按播种季节分为春小麦和冬小麦；按麦粒粒质分为硬小麦和软小麦；按颜色分为白小麦、红小麦和花小麦。

对生叶序

## 荨　麻

　　荨麻属于荨麻科荨麻属，为多年生草本植物。荨麻的茎和叶含有丰富的营养价值，具有极高的食用和饲用价值。荨麻全草可入药，具有祛风定惊、消食通便的作用。荨麻茎和叶上的毛容易引起过敏反应。

## 荠　菜

　　荠菜，又名护生草、地米菜等，属于十字花科荠菜属，为一二年生草本植物，主要有板叶荠菜和散叶荠菜两类。荠菜的叶、根和果实能够食用，我国自古就有采集野生荠菜食用的习惯。

# 金 盏 菊

金盏菊

　　金盏菊，又名金盏花、长生菊、醒酒花，属于菊科金盏菊属。此花植株矮生，花朵密集，花色鲜艳夺目，有淡黄、橙红、黄等色，花期长。植株富含多种维生素，尤其是维生素A和维生素C，花含有类胡萝卜素、番茄烃、挥发油、苹果酸等，有美容的功效。金盏菊的全草都可以药用，有祛热、止咳、助消化、通便、杀菌的功效，对外伤、皮疹、皮肤破裂、皮肤感染以及晒斑等多种皮肤疾病有明显作用。

　　金盏菊的须根发达。植株高30～60厘米，全株被白色茸毛。单叶互生，椭圆形或椭圆状倒卵形，全缘；基生叶有柄，上部叶基抱茎；茎下部的叶呈匙形，绿色。花序为头状花序，顶生，单生，花形大，花径为4～10厘米；总苞片1～2轮，苞片线状披针形；舌状花1轮，或多轮平展，呈金黄或橘黄色，筒状花呈黄色或褐色。果实为瘦果，弯曲，呈船形或爪形，果熟期为5～7月。种子呈暗黑色。植物喜欢阳光充足的环境，适应性较强，忌炎热。

## 维生素A

维生素A，又名视黄醇，属于脂溶性维生素。人体缺乏维生素A，容易患夜盲症，但过量会导致中毒。维生素A含量较丰富的植物有菠菜、豌豆苗、胡萝卜、青椒、南瓜等。

## 维生素C

维生素C，又名抗坏血酸，是人体必需营养素之一。人体缺乏维生素C容易患坏血病，但过量会导致腹泻。维生素C含量较丰富的蔬菜有番茄、辣椒、荠菜、菠菜、卷心菜、马铃薯、草莓等。

## 类胡萝卜素

类胡萝卜素是一类天然色素的总称，普遍存在于动物、高等植物、真菌、藻类的黄色、橙红色或红色的色素之中，具有抗氧化、调节免疫系统、延缓衰老的作用，已知的天然类胡萝卜素有300多种。

草莓

# 万 寿 菊

万寿菊，又名臭芙蓉、万寿灯、蜂窝菊、臭菊花、蝎子菊，属于菊科万寿菊属，原产墨西哥及中美洲地区，现全世界广泛栽培。此花为蜂窝壮球型，无心，主要用于庭院栽培观赏，或布置花坛或花境。万寿菊含有丰富的叶黄素，能够延缓老年人因黄斑退化而引起的视力退化和失明症，以及因机体衰老引发的心血管硬化、冠心病和肿瘤疾病。万寿菊具有平肝清热、祛风、化痰的功效，能够治疗头晕目眩、风火眼痛、感冒咳嗽、百日咳、痄腮。

万寿菊的根短而粗壮，为须根系植物。茎粗壮，呈绿色，有棕褐色的晕。植株高80厘米左右，多分枝。叶对生，羽状分

万寿菊

裂，裂片披针形；叶缘背面有油腺点，具强香味。花序为头状花序，顶生，单生，花径为5～13厘米，花有乳白、黄、橙黄、复色等，深浅不一，花形有重瓣、单瓣。有的品种全为舌状花，有长爪，边缘皱曲。栽培品种多变，有皱瓣、宽瓣、高型、大花等。果实为瘦果，呈黑色，线形，有光泽，有冠毛。种子细小。植株喜欢温暖、湿润和阳光充足的环境，生长适温为15℃～20℃。

## 叶 黄 素

叶黄素，又名植物黄体素，在自然界中与玉米黄素共同存在。人类的眼睛含有大量的叶黄素和玉米黄素，但这两种元素是人体无法制造的。叶黄素含量较丰富的植物有卷心菜、菠菜、莴苣、绿豆、油菜等。

## 叶 绿 素

叶绿素是参与植物的光合作用的重要色素，能够吸收大部分的红光和紫光，反射绿光。所有的绿色植物、蓝藻门的植物和某些真核藻类植物的体内都含有叶绿素。

## 天然色素

天然色素来源于天然的植物、动物和微生物。主要的天然食用色素有花青素类、番茄红素等，主要来源于甜菜、辣椒、甘蓝、蓝莓、胡萝卜等植物。这些天然色素没有副作用、非常安全。

万寿菊

# 射 干

射干

  射干，又名野萱花，属于鸢尾科射干属。植株花枝招展，花朵艳丽，生长健壮，栽培容易，一次种植可开花数年，是优良的园林观赏植物。射干的根茎可药用，有清热毒、消肿痛的功效，与牛蒡子、桔梗、甘草等配合应用，可治疗因风热感冒所致的咽喉肿痛等症；与麻黄、紫菀、款冬等配合应用，可治咳嗽痰喘等症。

  射干为须根系植物。地上茎直立，根茎不规则结节状，有短分枝，长4～8厘米，直径1～1.5厘米，表面呈黄棕色或灰棕色，皱缩，有密集的横环纹。根茎上面有数个大形盘状茎痕。叶剑形，扁平而扇状互生，被白粉，呈绿色，2列，排列在茎的两侧的一个平面上。花序为二歧伞状花序，顶生，外轮花瓣3枚，长倒卵形，有红色斑点；内轮花瓣3枚，稍小；花丝呈红色，花柱棒状，顶端3浅裂，花径为5～8厘米，雄蕊3枚；花谢后，花被片旋转形，花呈橙色至橘黄色。果实为蒴果，三角状倒卵形。种子呈黑色，近球形，有光泽，外皮呈黄色。

## 鸢 尾 科

鸢尾科属于单子叶植物纲百合亚纲，为一年生或多年生草本植物。本科有60多属、800多种，我国有4属、58种，主要植物有唐菖蒲属、观音兰属、香雪兰属、鸢尾属、射干属、番红花属等。

### 二歧聚伞花序

聚伞花序是指最内或中央的花最先开放，然后渐及于两侧开放的花序。每次中央一朵花开后，两侧产生二个分枝的聚伞花序，称为"二歧聚伞花序"。蔓假繁缕的花序为二歧聚伞花序。

### 花　丝

花丝是雄蕊的一部分，是支撑着花药的结构，一般呈丝状，但也有一些合生为筒状，由花丝和花药两部分组成。不同种类植物的花丝的长短不同，一般同一朵花中的花丝是等长的。

鸢尾　　61

# 花的作用

　　花是被子植物所特有的生殖器官，是被子植物区别于其他植物类群的标志性结构，因此被子植物又被称为"有花植物"。花在被子植物的个体繁衍与保持物种的遗传稳定中起到了重要作用，其形态结构一般在种内个体间是保守而稳定的，变异较小，因而在生活史中存在时间较短，受环境因素的影响较小，而不同植物的花在形态上的相似与差异往往反映了种间的演化关系。花常因含有特殊的挥发油类而具有特殊的香气，因此许多植物的花用于提取香料，如玫瑰。有些花可以食用，如梅花、桂花；有些植物以完整的花或花蕾入药，如金银花、红花、月季花、丁香花；有些植物以整个花序入药，如菊花；有些植物以花粉入药，如松花粉；有些植物以花柱入药，如番红花。

福禄考

## 被子植物

被子植物是植物界最高级的一类，是地球上进化最完善、出现最晚的植物，分为双子叶植物纲和单子叶植物纲。现知被子植物共1万多属、20多万种，我国有2700多属、3万多种。

仙客来的花

## 生殖器官

由亲本产生的有性生殖细胞，经过两性生殖细胞的结合形成受精卵，再由受精卵发育成新个体的生殖方式称为"有性生殖"。被子植物的花、果实、种子与有性生殖有关，这些器官称为"生殖器官"。

## 红　花

红花，属于菊科红花属，为多年生草本植物，是我国传统的中药，具有活血通经、祛瘀止痛的作用。它的花瓣的颜色为鲜红色，能够提取天然的红色色素。

# 花的结构

石竹

　　典型的被子植物的花包括花梗、花托、花萼、花冠、雄蕊群和雌蕊群等部分。一朵具有花萼、花冠、雄蕊群和雌蕊群的花，称为"完全花"。缺少任何一部分的花，称为"不完全花"。

　　花梗是指连接茎的小枝，也是茎和花相连的通道，并支持着花。花托是花梗顶端略膨大的部分，着生花萼和花冠等，有多种形状，如圆柱状（玉兰、木兰）、覆碗状（草莓）、碗状（蔷薇科、珍珠梅、桃）、膨大呈倒圆锥形（莲）、花托延伸成为雌蕊柄（落花生）、花托延伸成为雌雄蕊柄（西番莲、苹婆）、花托延伸成为花冠柄（剪秋罗、石竹科）。花萼是花最外轮的变态叶，由若干萼片组成，通常为绿色，有离萼、合

草本植物

64

萼、副萼等，具有保护幼花的作用。花冠是花第二轮的变态叶，由若干花瓣组成，有各种颜色和芳香味，可吸引昆虫传粉。花被是花萼和花冠的合称。雄蕊群是一朵花内所有雄蕊的总称，有多种类型。雌蕊群是一朵花内所有雌蕊的总称，多数植物的花只有一个雌蕊。

## 花　梗

花梗，又称为"花柄"，是指每朵花下面的小枝。它能够支撑花，使花向各个方向展开，另一方面连接花和茎，将营养物质由茎传至花中。不同植物的花梗的长短不同。

## 萼　片

萼片是指环列在花的最外面一轮的叶状薄片，是植物的变形叶之一，一般呈绿色。它在花朵开放前起保护花蕾的作用。彼此分离的萼片称为"离萼"，彼此合生的萼片称为"合萼"，两轮萼裂片的外轮称为"副萼"。

完全花

## 花　托

花托是指花梗的顶端部分，一般略呈膨大状，花的其他各部分按一定的方式排列在上面，由外到内（或由下至上）依次为花萼、花冠、雄蕊群和雌蕊群。不同植物的花托的形状不同。

# 花 冠

漏斗状花冠

　　花冠位于花萼的内侧，由若干花瓣组成，排成一轮或数轮。十字形花冠的花瓣排成十字形，如诸葛菜、白菜、萝卜、二月兰。蝶形花冠的5枚花瓣，排列成蝶形，最上一瓣称为"旗瓣"，两侧的两瓣称为"翼瓣"，最下两瓣其下缘常合生，称为"龙骨瓣"，如豆科植物、鸡血藤、甘草、合欢、苦参、决明。钟状花冠的花冠筒宽而短，上部扩大成钟形，如石榴、白玉兰、蓝钟花、风铃草、桔梗、沙参、龙胆。漏斗状花冠的花冠下部呈筒状，并由基部渐渐向上扩展成漏斗状，如牵牛花、打碗花。轮状花冠的花冠筒短，裂片由基部向四周扩展，状如车轮，如番茄、马铃薯、辣椒、茄子、枸杞。唇形花冠的花冠略成二唇形，如薄荷、丹参、黄芩。筒状花冠的花冠大部分成冠状或筒状，花冠裂片向上伸展，如金鱼草、雏菊。舌状花冠的花冠基部为短筒状，上面向一边张开成扁平舌状，如百日草、蒲公英、苦荬菜。

## 龙　　胆

　　龙胆，又名苦地胆、鹿耳草，属于菊科地胆草属，为多年生草本植物，与杜鹃、报春合称"世界三大高山花卉"。龙胆的根茎可以入药，具有清热、泻肝、定惊等功效。

## 番　　茄

　　番茄，又名西红柿、狼桃等，属于茄科番茄属，是重要的蔬菜品种。番茄的果实为浆果，具有特殊的味道，还含有丰富的营养物质，如碳水化合物、蛋白质、维生素C、胡萝卜素、有机酸等。

## 抱茎苦荬菜

　　抱茎苦荬菜，又名苦碟子、黄瓜菜，属于菊科野苦荬属，为多年生草本植物。它的全草可入药，具有清热解毒、消肿止痛的功效，而且具有较好的降血压的功效。

蝶形花冠

# 白　菜

　　白菜，古名为"菘"，属于十字花科芸薹属，原产于我国，栽培历史悠久，在周代的《诗经》、南北朝的《南齐书》、唐朝的《新修本草》中都有白菜的记载。大白菜含有丰富的蛋白质、糖类、膳食纤维、维生素C、维生素B、钙、铁、锌等营养物质，具有降血压、降胆固醇、预防心血管疾病的功效，还具有抗癌的作用。中医认为，大白菜具有清热除烦、润喉、清肠胃、解毒的功效。

　　白菜的根系发达。茎在营养生长时期短缩肥大。叶倒披针形至阔倒圆形，没有明显的叶柄，有明显叶翅，叶片边缘波状。花序为总状花序，花瓣呈淡黄色。果实为长角荚果。种子球形而微扁，呈红褐色至深褐色。

白菜的幼苗

## 十字花科

十字花科属于双子叶植物纲十字花目，为一二年生或多年生草本植物，花冠呈十字形，因此得名。本科植物有375属、3200多种，我国有96属、411种，多数为药用、食用和油料作物。

## 芸 薹 属

芸薹属是十字花科重要的一个属，为一二年生或多年生草本植物。本属的主要植物有芥菜、榨菜、雪里蕻、油菜、芜菁、甘蓝等。本属的植物的花都具有蜜腺，是重要的蜜源植物。

## 羽衣甘蓝

羽衣甘蓝，又名叶牡丹、牡丹菜、花包菜，属于十字花科芸薹属，为一二年生草本植物，是食用甘蓝的园艺变种。羽衣甘蓝按高度分为高型和矮型；按叶的形态分为皱叶、不皱叶和深裂叶品种。

白菜

69

# 桔　梗

白花桔梗

　　桔梗，又名僧冠帽、桔梗草，属于桔梗科桔梗属。此花的花大，花期长，易于栽培。现已经培育出粉色、白色、半重瓣及重瓣品种。后又选育出茎叶挺直，适用于切花及促成栽培的品种，还有旱花、晚花、高杆、矮生、斑纹等多数品种。桔梗是雄性先熟的花，始花时就已经散粉，经2～3天后雌蕊才成熟，需他花授粉方可结实。桔梗的根是重要的药材，具有祛痰、排脓的功效，幼苗的茎叶可入菜。

　　植株高30～100厘米，上部有分枝。块根肥大多肉，圆锥形。叶互生或3枚轮生，几无柄，卵形至卵状披针形，端尖，边缘有锐锯齿。花单生枝顶或数朵组成总状花序；花冠钟形，呈蓝紫色，花丝基部扩大，花柱长；萼片钟状，宿存。

## 桔 梗 科

桔梗科为双子叶植物纲菊亚纲的一科，有70属、2000多种，我国有17属、150多种，多数为多年生草本或灌木，也有一些种类是小乔木，一般茎和叶折断后都会流出无毒的白色乳汁。本属的植物主要为党参、桔梗、风铃草。

## 洋 桔 梗

洋桔梗，又名草原龙胆、土耳其桔梗，属于桔梗科龙胆属，为一二年生草本植物。花朵大，单生，颜色鲜艳，是重要的切花植物，现已育出重瓣和双色品种。

## 党　　参

党参，又名上党人参、黄参、狮头参、防党参，属于桔梗科党参属，为多年生草本植物。党参的根是中医常用的补益药，具有补中益气、健脾益肺的功效。党参属的植物有40多种，我国有39种。

# 薄　荷

野生薄荷

　　薄荷，又名亚洲薄荷、水薄荷、鱼香草，属于唇形科薄荷属。我国民间很早就有采集野生薄荷嫩叶作为蔬菜食用的习惯，也将薄荷叶晒干贮藏和泡茶喝，有祛风、消炎、镇痛、健胃的作用。薄荷叶具有特有的香气，味觉为薄荷样凉味，极微的辛辣感，后味甜而凉。

　　薄荷为多年生宿根草本，植株高60～100厘米，根状茎水平匍匐，其上有节。茎锐四棱形，直立，上部被茸毛，下部仅沿棱上有少量茸毛。叶对生，长圆状披针形至椭圆形，长8～10厘米、宽3～5厘米，先端急尖或锐尖，基部楔形至近圆形，叶面较平展，叶鲜绿色至暗绿色，网状脉下陷，叶边锯齿深而锐，叶柄长1～2厘米，被茸毛。花序为轮伞花序，腋生；花萼筒状钟形，长2～3毫米，外被茸毛及腺点；花冠呈淡紫色，裂片4枚，雄蕊伸出花冠外。小坚果卵球形，呈黄褐色。

## 野生薄荷

野生薄荷属于唇形科薄荷属，为多年生草本植物，多野生于土壤湿润、背阴的地方。植株全株具有芳香气味，能够提取香精油。野生薄荷可以食用，经常食用可以减轻流行性感冒的症状。

## 薄 荷 叶

薄荷叶是植物薄荷的叶子，具有特殊的清凉的味道，可以作为调味剂、香料等。新鲜的薄荷叶常用于制作西餐和甜点，搭配水果和其他蔬菜，干薄荷常用于泡水代茶饮用。

## 薄荷精油

薄荷的叶子能够提取优良的植物精油，具有清凉的气味，具有清咽利喉、

干薄荷叶

消除口臭、防止晕车等功效。将薄荷精油加入洗澡水中，对治疗感冒、支气管炎、头痛等症有良好的效果。

# 金 鱼 草

　　金鱼草，又名龙口花、龙头花，属于玄参科金鱼草属。金鱼草的花型奇特，就好像一只小金鱼，因此得名。此花花色鲜艳，普遍栽植于花园、花坛和花境等处，叶可作为切花材料。虽然金鱼草是多年生植物，但经常会作为一二年生植物栽培。金鱼草的全株都可以药用，具有清热解毒、凉血消肿的功效。

　　植株高20～90厘米，茎基部木质化，微有绒毛。叶对生或上部互生，披针形至阔披针形，全缘，光滑。花序为总状花序，小花有短梗；苞片卵形，萼5裂；花冠筒状唇形，外被绒毛，基部膨大成囊状，上唇直立，有粉、红、紫、黄、白或复色等色。果实为蒴果，空裂。植株的耐寒性较好，喜欢凉爽的环境，喜全光，稍耐半阴，对碱性土壤稍有耐性，有自播繁殖能力。

玄参科植物

# 玄 参 科

玄参科是双子叶植物纲菊亚纲玄参目的一科，有190属、4000多种，我国有56属、650多种，大多数为草本植物、少数为灌木。本科主要的植物有金鱼草属、婆婆纳属、蒲包花属、玄参属等。

金鱼草

## 土壤酸碱度

土壤酸碱度是指土壤呈酸性或碱性的程度，用pH值来表示，对植物生长的影响很大。在栽培植物时，要注意土壤的酸碱度，要栽培与土壤酸碱度相适应的植物。

## 洋 地 黄

洋地黄，又名毛地黄、吊钟花，属于玄参科洋地黄属，为一二年生或多年生草本植物，全株有毒，但可以入药，具有改善血液循环的功效，用时要遵医嘱。人工栽培品种是重要的园林栽培花卉。

# 花　序

　　被子植物的花，一朵一朵单独着生于茎枝顶上，称为"单生花"。许多花按照一定的规律排在总花轴上，称为"花序"。花序的主轴称为"花序轴"。花序分为无限花序和有限花序两大类。

　　无限花序开花时，花序轴继续向上生长伸长。无限花序分为简单花序和复合花序两种。简单花序包括总状花序（百合、金鱼草、白菜、萝卜）、穗状花序（鸡冠花、马鞭草）、柔荑花序（枫杨）、肉穗花序（玉米）、伞房花序（绣线菊）、伞形花序（人参、常春藤）、头状花序（雏菊、百日草、万寿菊、向日葵、合欢）、隐头花序（榕树）。复合花序分为复总状花序（丁香）、复穗状花序（小麦）、复伞形花序、复伞房花序、复头状花序（雏菊）。

　　有限花序开花时，最顶点和最中心的花先开，由于顶花

草本植物

76　　头状花序

的开放限制了花序轴顶端的继续生长，因而以后开花顺序渐及下边或周围。有限花序分为单岐聚伞花序（荷花、毛莨、紫草）、二岐聚伞花序（大叶黄杨、卫矛、石竹、卷耳）和多岐聚伞花序。

## 柔荑花序

柔荑花序是无限花序的一种，它的花轴上着生许多无柄或是短柄的单性小花（以雄花为柔荑花序更多见），有的花轴柔软下垂，有的花轴

头状花序

直立。开花后整个花序一起脱落。具有柔荑花序的主要有杨柳科、胡桃科、山毛榉科的植物。

## 肉穗花序

肉穗花序是指无柄单性小花生于肉质膨大的花序轴上的花序，是无限花序的一种，玉米的雌花序就是典型的肉穗花序。具有肉穗花序的植物还有马蹄莲、半夏、香蒲等。

## 头状花序

头状花序是无限花序的一种，是指许多无柄小花（或仅有一朵花）密集着生于花序轴的顶部聚成头状的花序。多个头状花序可以组成圆锥花序、伞房花序等。头状花序比较醒目，能够吸引昆虫传粉。

# 百 合

百合，又名野百合、紫背百合，属于百合科百合属。可利用不同品种的百合的自然花期差异、植株高矮不同、花形花色变化的特点，设计组合花卉造型，适宜布置成各种形状的专类花坛、花园。百合除了含蛋白质、淀粉、糖类、维生素、氨基酸、钙、磷、铁外，还含百合甙A、百合甙B，特别含有秋水仙碱、秋水仙胺等类似植物碱，能抑制癌细胞增生。中医认为，百合有养阴清热、润肺止渴、宁心安神的功效，可治肺结核久咳、虚烦惊悸、神志恍惚、失眠多梦、脚气水肿等症。

百合的根为须根系。地下部分具有两种根系，生于鳞茎盘上的根，称为"基根"（或称下根），具有吸收养分、稳定地上部分的作用。生于土壤内的地上茎节处的根，称为"茎根"（或称上根），具有吸收养分的作用，主要供给新鳞茎

百合

养分。

　　植株高40～60厘米，还有高达1米以上的品种。茎直立，不分枝，呈草绿色，茎上着生黑紫色斑点，茎秆基部带红色或紫褐色斑点。地下具鳞茎，卵形或近球形，鳞片多数肉质，卵形或披针形，呈白色，少有黄色。单叶互生，狭线形。有的品种在叶腋间生出紫色或绿色颗粒状珠芽，其珠芽可繁殖成小植株。花序为总状花序，生于茎顶端；花被基部有蜜腺，蜜腺两边有乳头突起或无，有的还有鸡冠状突起或流苏状突起。果实为蒴果，长椭圆形。种子扁平，周围有翅。植株喜欢温暖湿润的环境，喜光照，较耐寒，忌高温和高湿。

## 蜜　腺

　　蜜腺是植物的花分泌蜜汁的外分泌腺组织，能够分泌花蜜，一般位于花瓣、花萼、子房或花柱地基部。蜜汁有引诱昆虫传粉的作用。蜜腺也存在于托叶（如蚕豆）、叶柄（如日本樱）、子叶（如蓖麻）等，这些蜜腺称为"花外蜜腺"。

## 茖　葱

　　茖葱，俗称寒葱，属于百合科葱属，为多年生草本植物，多数野生于阔叶树下，少数生长于针叶林下。茖葱含有大量的抗氧化物质，极具食用价值，是近年来很受欢迎的山野菜。

## 毛百合

　　毛百合属于百合科百合属，为多年生草本植物。它的花1～2朵顶生，橙红色或红色，有紫红色斑点；鳞茎可以食用和药用，所含营养物质和疗效与百合接近。

# 鸡冠花

　　鸡冠花，又名鸡冠、红鸡冠、百日红、青箱、鸡髻花、老来红，属于苋科青箱属，原产于非洲、美洲热带和印度、东南亚热带及亚热带地区，其枝叶婆娑，花色鲜艳，花头酷似雄鸡顶冠，因此得名。鸡冠花可以食用，营养全面，风味独特。鸡冠花的花和种子，可以药用，具有凉血止血、止带止痢的功效。

鸡冠花

　　鸡冠花的根粗壮，圆锥形，肉质，呈褐黄色。根颈部具多数须根。植株高60～90厘米，全株无毛。茎直立，粗壮，呈绿色或带红色。叶互生，卵形、卵状披针形，长5～13厘米，宽2～6厘米，两端渐尖，有深红、翠绿、黄绿、红绿等色。花序扁平，鸡冠状，顶生；苞片、小苞片

和花被片呈紫色、红色、淡红色或黄色，干膜质。种子扁圆形
或略呈肾形，呈黑色，有光泽。

### 《咏鸡冠花》宋·赵企

秋光及物眼犹迷，
著叶婆娑拟碧鸡。
精彩十分伴欲动，
五更只欠一声啼。

### 鸡冠花的花序

鸡冠花的花序是穗
状花序，顶生，呈扁平肉
质鸡冠状、卷冠状或羽毛
状，主要有扫帚鸡冠、璎
珞鸡冠、鸳鸯鸡冠、百鸟
朝凤、寿星鸡冠。花被片
呈淡红色至紫红色、黄白
或黄色，具有较高的观赏
价值。

花被片

## 花    被

花萼和花冠统称为花
被，其中花萼是全部萼片的统称，位于花冠下方；花冠是全部花瓣的
统称。花被具有保护花蕊的作用，有些花被能够吸引昆虫，有助于花
粉的传递。

# 花的颜色

艳丽的花朵

　　花冠具有各种各样的颜色，是因为在花瓣的细胞液里含有花青素和类胡萝卜素等物质。花青素是水溶性物质，颜色随着细胞液的酸碱度变化而变化，在碱性溶液中呈蓝色，在酸性溶液中呈红色，而在中性溶液中呈紫色。含有大量花青素的花瓣的颜色都在红色、蓝色、紫色之间变化着。黑色花瓣内也含有花青素，细胞液呈强碱性时，花青素在强碱的条件下呈现出蓝黑色或者紫黑色。类胡萝卜素是脂溶性物质，分布于细胞的染色体内，花瓣的黄色、橙色、橘红色，主要是由这类色素形成。细胞中含有黄酮色素或者黄色油滴也能使花瓣呈现黄色。细胞液中含有大量叶绿素则呈现绿色。洁白的花瓣的细胞中不含有任何色素，只是在细胞间隙中隐藏着许多有空气组成的微小气泡，把光线全部反射出来。复色的花在不同部位分布着不同种类的色素。

## 八 仙 花

八仙花，又名绣球花、草绣球、洋绣球等，属于虎耳草科八仙花属，为落叶灌木。八仙花初开时为青白色，逐渐转为粉红色，最后转为紫红色。白色品种遇酸呈蓝色，遇碱变红色。

## 花 青 素

花青素是一种水溶性色素，是一种黄酮类化合物，存在于花、果实、茎、叶中，是植物的主要呈色物质。它是一种抗氧化物质，能够增强血管弹性，改善循环系统。

白色的花

### 白玫瑰变蓝玫瑰

将纯白色的玫瑰插入蓝色溶液中，经过12小时，蓝色溶液通过白玫瑰的运输系统到达花瓣，白玫瑰就会变成蓝玫瑰。

# 牵牛花

牵牛花

　　牵牛花，又名喇叭花，属于旋花科牵牛属，为一年生草质藤本植物，是我国传统的栽培花卉。茎上被倒向的短柔毛及杂有倒向或开展的长硬毛。叶宽卵形或近圆形，深或浅的3裂，偶5裂，长4～15厘米，宽4.5～14厘米，基部圆，心形，中裂片长圆形或卵圆形，渐尖或骤尖，侧裂片较短，三角形，裂口锐或圆，叶面或疏或密被微硬的柔毛；叶柄长2～15厘米，毛被同茎。花腋生，单一或通常2朵着生于花序梗顶，花序梗长短不一，长1.5～18.5厘米，通常短于叶柄，有时较长，毛被同茎；苞片线形或叶状，被开展的微硬毛；花梗长2～7毫米；小苞片线形；萼片近等长，长2～2.5厘米，披针状线形，内面2片稍狭，外面被开展的刚毛，基部更密，有时也杂有短柔毛；花冠漏斗状，长5～8厘米，呈蓝紫色或紫红色，花冠管色淡；雄蕊及花柱内藏，雄蕊不等长；花丝基部被柔毛；子房无毛，柱头头状。蒴果近球形，直径0.8～1.3厘米，3瓣裂。种子卵状三棱形，长约6毫米，呈黑褐色或米黄色，被褐色短绒毛。

## 夕　颜

葫芦的花总是在傍晚开放，因此被称为"夕颜"。葫芦属于葫芦科葫芦属，为草质藤本植物，它的果实也被称为"葫芦"。幼嫩的葫芦可以食用，成熟后的葫芦可以做成盛水容器。

## 黑丑和白丑

牵牛花的种子可以药用，黑色的称为"黑丑"，米黄色者的称为"白丑"，中药中经常应用的是黑丑，具有泻水利尿的功效，但黑丑具有小毒，不能口服。

## 缠　绕　茎

缠绕茎不能直立生长，一般需要缠绕支持物向上生长，按缠绕方向有左旋和右旋两种形式，左旋是指反时针方向旋转，右旋是指顺时针方向旋转，有些植物既可以左旋，也可以右旋。

牵牛花

# 果实的类型

浆果

果实分为单果、聚合果和聚花果三类。

单果由一朵花中的一枚单雌蕊或复雌蕊参与形成，可分为肉质果和干果两类。草本植物的肉质果主要是浆果，浆果外果皮薄，浆汁丰富，如草莓、西瓜、黄瓜。

草本植物的干果又分为荚果、蓇葖果、角果、蒴果、颖果、双悬果。荚果是豆科植物所特有的干果，如大豆、豌豆。蓇葖果成熟时，沿腹缝线开裂，或沿背缝线开裂，如毛茛、飞燕草、芍药。角果是十字花科植物所特有的开裂干果，如油菜、甘蓝、桂竹香、荠菜、独行菜。蒴果含多粒种子，种子成熟后有室背开裂、室间开裂、室轴开裂、盖裂、空裂等方式，如百合、金鱼草、百合、鸢尾、杜鹃、虞美人、石竹、马齿苋、车前草。瘦果为不开裂干果，如翠菊、金盏菊、百日草、雏菊、红花、白头翁、蒲公英、向日葵、红花、毛茛、苔草。颖果是禾本科植物所特有的一类不开裂的干果，如水稻、小麦、大麦、玉米。双悬果成熟后心皮分离成两瓣，并列悬挂在中央果柄的上端，如当归、阿魏、蛇床子、小茴香。

聚合果是由一朵花中的许多离生单雌蕊聚集生长在花托上，并与花托共同发育而成的果实，分为聚合瘦果（草莓）、聚合核果（悬钩子）、聚合坚果（莲）、聚合蓇葖果。聚花果是由整个花序发育而成的果实。

## 核　果

核果是肉质果的一种，通常是由单雌蕊发展而成的，内含1枚种子，外果皮极薄，由子房表皮和表皮下几层细胞组成；中果皮是发达的肉质食用部分；内果皮的细胞经木质化后，成为坚硬的核，包在种子外面。

蒴果

## 坚　果

坚果是干果的一种，由复雌蕊的下位子房发育而来，果皮坚硬，内含1粒种子，含有丰富的蛋白质、油脂、矿物质、维生素等营养物质。常见的坚果主要有板栗、瓜子、核桃、松子、开心果等。

## 翅　果

翅果是干果的一种，为不裂干果，由单雌蕊或复雌蕊的上位子房形成，果皮的一部分向外扩延成翼翅，借风力能把种子散布到远处。常见的具有翅果的植物有榆属和槭树科的植物等。

87

# 凤 仙 花

东北凤仙花

凤仙花又名指甲草、透骨草、金凤花、洒金花，属于凤仙花科凤仙花属。此花大而美丽，粉红色，也有白、红、紫或其他颜色，供观赏，除做花境和盆景装置外，也可做切花，有很高的观赏价值。将凤仙花的全草捣汁，外用可以治疗跌打损伤。凤仙花具有很强的抑制真菌的作用，同时它颜色艳丽，用它来染指甲既能治疗灰指甲、甲沟炎，又是纯天然、对指甲无任何伤害的染色方法。

凤仙花的根为须根系，呈红褐色。植株高60～80厘米，茎直立，肉质，圆柱形，常呈紫红色，多汁。单叶互生，阔叶或狭披针形，长达10厘米，顶端渐尖，边缘有锐齿，基部楔形。花单朵或数朵簇生叶腋，花梗常向下垂，有白、粉、红、紫或杂色等色，有时花瓣有条纹和斑点。果实为蒴果，尖卵形或椭圆形，尖头，被粗毛。凤仙花的果实形状像樱桃，稍长，颜色为紫红色。果实成熟后，轻轻碰它一下，自裂，皮卷如拳，种子随即弹出，因此称为"急性子"。柱型有直立型、开展型、拱曲型、龙爪型等，花型有单瓣型、玫瑰型、山茶型、顶花型。

## 用凤仙花染手指甲

将花瓣放入适量食盐（也可以加入适量明矾）后，捣烂。可放置半天，水分蒸发一部分后染色效果更佳。取适量敷于指甲盖，以盖住指甲盖为准。用叶子包住。染好后，指甲的周围部分也会被染红，多洗几次手，3～5天即可恢复正常颜色。

## 《凤仙花》宋·杨万里

细看金凤小花丛，费尽司花染作工；雪色白边袍色紫，更饶深浅四般红。

## 花　　境

花境是指根据自然风景中林缘野生花卉自然分散生长的规律，将花卉栽植在树丛、绿篱、栏杆、绿地边缘、道路两旁及建筑物前，以带状自然式栽种的一种园林造景方式。

凤仙花的幼苗

# 种子的形状

　　种子的大小、形状、颜色因植物种类不同而有差异。椰子的种子很大，可达几千克重，油菜、芝麻的种子较小，而烟草、马齿苋、兰科植物的种子则更小，可能都不到一克重。种子的形状主要有圆（球）形（豌豆、龙眼）、椭圆形（花生）、肾形（菜豆、蚕豆）、纺锤形、三棱形、卵形、扁卵形（瓜类植物）、盾形和螺旋形等。种子的颜色以褐色和黑色较多，但也有其他颜色，如豆类种子就有黑、红、绿、黄、白等色。种子表面有的光滑发亮，也有的暗淡或粗糙，造成表面粗糙的原因是由于表面有穴、沟、网纹、条纹、突起、棱脊等雕纹。有些种子还可看到成熟后自珠柄上脱落时留下的种脐和珠孔。有的种子还具有翅、冠毛、刺、芒和毛等附属物，这些都有助于种子的传播。

蒲公英的种子

## 种　脐

种脐是指种子成熟后，从珠柄或胎座（子房内胚珠着生的地方）上脱落，脱落后在种皮上所留下的一定形状的痕迹，通常呈线形或椭圆形，颜色深浅不一，常见于豆科植物。

## 珠　孔

珠孔是指种子植物的胚珠顶端由于珠被不愈合而形成的一个小开孔或小缝隙。珠孔受精的植物，其珠孔为花粉管进入胚珠内的通道。胚珠发育成种子后，珠孔发育成种孔。

## 胚　珠

胚珠受精后能够发育成种子，一般呈卵形，由珠柄、珠被和珠心组成。被子植物的胚珠包被在子房内，以珠柄着生于子房内壁的胎座上。裸子植物的胚珠裸露地着生在大孢子叶上。

月见草的种子

# 马 齿 苋

马齿苋

马齿苋，又名长命草、五行草、瓜子菜等，属于马齿苋科马齿苋属，起源于印度，我国还存在野生类型，在英国、法国、荷兰等西欧国家早已将其培育成为栽培蔬菜，主要生于田野路边和庭园废墟等向阳处。马齿苋为药食两用植物，全草都可以药用，具有解毒、抑菌消炎、润肠消滞、祛虫、明目和抑制子宫出血等功效；外用可以治丹毒、毒蛇咬伤等症。

马齿苋的全株无毛，茎平卧或斜倚，伏地生长，多分枝，圆柱形，长10～15厘米，呈淡绿色或带暗红色。叶互生，有时近对生，叶片扁平，肥厚，倒卵形，似马齿状，长1～3厘米，宽0.6～1.5厘米，顶端圆钝或平截，有时微凹，基部楔形，全缘，上面呈暗绿色，下面呈淡绿色或带暗红色，叶脉微隆起；

叶柄粗短。花无梗，常3～5朵簇生于枝端，一般在中午时盛开；苞片2～6枚，叶状，膜质，近轮生；萼片2枚，对生，呈绿色，盔形，左右压扁，长4毫米左右；花瓣5枚，呈黄色，倒卵形，长3～5毫米，顶端微凹，基部合生；雄蕊通常为8枚，长12毫米左右，花药呈黄色；子房无毛，花柱比雄蕊稍长，柱头线形。果实为蒴果，卵球形，长5毫米左右。种子细小，呈黑褐色，有光泽。

## 叶　脉

　　叶脉是生长在叶片上的维管束，它是茎中维管束的分枝。位于叶片中央大而明显的脉，称为"中脉"或"主脉"。由中脉两侧第一次分出的许多较细的脉，称为"侧脉"。

## 叶　柄

　　叶柄是叶片与茎的联系部分，通常叶柄位于叶片的基部，其上端与叶片相连，下端着生在茎上，通常呈细圆柱形、扁平形或具沟槽。不同的植物的叶柄的形状、粗细、长短都有所不同。

## 土　人　参

　　土人参，又名人参菜、水人参、参草、紫人参、福参，属于马齿苋科土人参属，为多年生草本植物，原产于热带地区。它的根、叶可食用，根还可以入药，整株可以作为观赏植物栽培。

马齿苋

# 果实和种子的传播

　　植物的果实和种子成熟之后，需要借助外力或自身的弹力，将果实和种子传到远方，以扩大其后代的生长范围。果实和种子的传播方式主要有：

　　借助风力传播。列当和兰科植物的种子细小质轻，莴苣和蒲公英的果实顶端生有冠毛，垂柳和白杨的种子外被细绒毛，百合的种子具翅，酸浆草的果实外具薄膜状气囊等，这些种子都易漂浮于空中而被吹送至远方。

　　借助水利传播。水生植物和生长于沼泽地带植物的果实或种子多具有漂浮结构。莲的聚合果的花托组织疏松，可以借水力漂载果实进行传播；椰子的果实的外果皮平滑，不透水，中果皮疏松，呈纤维状，充满空气，可随海流漂至远处海岛的沙滩而萌发。

莲蓬

　　借助动物和人类的活动传播。苍耳的果实外面生有钩刺，能够附于动物的皮毛上或人们的衣服上，从而被携至远方；马鞭草和鼠尾草的果实具有宿存黏萼，易黏附在动物毛皮上面传播。

借助果实自身的弹力传播。大豆和凤仙花的果皮各部分结构与细胞含水量存在差异，果实成熟干燥时，果皮各部分发生不均衡的收缩，引起果实爆裂，将种子弹出。

## 莴 苣

莴苣，属于菊科莴苣属，为一二年生草本植物，分为叶用莴苣和茎用莴苣两类，食用部位分别为叶片和叶球。莴苣具有镇痛和催眠的作用，食用莴苣能够刺激消化，增进食欲。

## 莲 蓬

莲蓬是荷花的子房，荷花花瓣脱落后就会露出绿色的莲蓬。莲蓬可以入药，具有散瘀的功效，可以加冰糖煮水代茶饮。莲蓬里包含多颗莲子，莲子也可以入药，具有补脾止泻、清心养神的功效。

## 苍 耳

苍耳属于菊科苍耳属，为一年生草本植物。它的成熟的果实上长有钩状刺和角状刺，能够黏在动物的身上，借助动物的运动传播。苍耳成熟的干燥果实可以入药，但有一些种类的苍耳有毒。

蒲公英

# 蒲 公 英

蒲公英

　　蒲公英，又名蒲地丁、黄花地丁，属于菊科蒲公英属，生于山坡草地、路旁、田间。蒲公英全株都可以药用，具有清热解毒、消肿散淤的功效，可用于治疗腮腺炎、咽喉炎、肝炎、目赤肿痛等症。

　　蒲公英的全株含白色乳汁，根深长，外皮呈红棕色。植株高10～25厘米；被白色疏软毛。叶根生，排列成莲座状，叶柄的基部两侧扩大呈鞘状；叶片线状披针形、倒披针形或倒卵形，先端尖或钝，基部狭窄，边缘浅裂或呈不规则羽状分裂，裂片齿状或三角状，裂片间有细小锯齿，呈绿色或有时在边缘带淡紫色斑迹，被白色蛛丝状毛。花茎由叶丛中抽出，花序为头状花序顶生，舌状花为两性，花托平坦；花冠呈黄色，先端平截；花药合生成筒状包于花柱外，花丝分离，花柱细长。果实为瘦果，倒披针形，具纵棱，并有横纹相连，果上有刺状突起，冠毛白色。

## 牛　蒡

牛蒡属于菊科牛蒡属，为一二年生草本植物。它的肉质根、叶柄和嫩叶都可以食用，根和种子可以入药，具有散风除热的功效，经常食用牛蒡可以预防中风和高血压。

## 灰　菜

灰菜，又名灰条菜、灰灰菜、白藜，属于藜科藜属，为一年生草本植物，多野生于田间，具有极高的食用和饲用价值，全草可入药。但灰菜的一些品种具有毒性，需要特别注意。

## 蕨　菜

蕨菜，名叫拳头菜、猫爪、龙头菜、如意菜，属于凤尾蕨科，为多年生草本植物，多野生于林间。它未展开的幼嫩叶芽可以食用，叶片展开后，可以作为观赏植物栽培。它还具有一定的药用价值，具有清肠健胃、舒筋活络等功效。

蒲公英

97

# 授　粉

蜜蜂授粉

　　授粉是被子植物结成果实必经的过程。花朵中通常有一些黄色的粉，称为"花粉"。花粉由色素、碳水化合物、脂类、氨基酸、酶类、植物激素、维生素和无机盐组成。花粉的无机盐主要包括磷、钾、钙、镁、钠和硫等。花粉还含有铝、铜、铁、锰、锌、硅等微量元素。将花粉传给同类植物的某些花朵的过程，称为"授粉"。

　　根据植物授粉对象不同，可分为自花授粉和异花授粉两类。一株植物的花粉对同一个体的雌蕊进行授粉的现象，称为"自花授粉"。有的植物雄蕊和雌蕊不长在同一朵花里，甚至不长在同一棵植物上，这些花就无法自花授粉了，它们的雌蕊只能得到另一朵花的花粉，称为"异花授粉"。根据植物授粉方式的不同，可分为自然授粉和人工辅助授粉两类。人工辅助授粉的具体方法，在不同作物不完全一样，一般是先从雄蕊上采集花粉，然后撒到雌蕊柱头上，或者将收集的花粉，在低温和干燥的条件下加以贮藏，留待以后再用。

# 花　　粉

　　花粉是种子植物特有的结构，与植物繁殖有关。不同植物的花粉的形状、大小、结构都不相同，通过花粉可以鉴定植物的科和属。花粉具有促进睡眠、增强体质、止血等功效，可以食用的花粉有松花粉、油菜花粉、桂花粉、玫瑰花粉、菊花粉等。

## 碳水化合物

　　碳水化合物由碳、氢和氧三种元素组成，是为人体提供能量的营养物质之一，是自然界存在最多、分布最广的一类重要有机化物。葡萄糖、蔗糖、淀粉和纤维素等都属于碳水化合物。

## 植物激素

　　植物激素，又名植物天然激素或植物内源激素，是由植物自身代谢产生的一类有机物质。低浓度的植物激素能够调节植物的生理反应，对细胞的分裂和伸长、组织和器官的分化、开花和结实、成熟和衰老等都有影响。

瓢虫也能传播花粉

# 自然授粉的方式

蝶媒

　　自然授粉的方式主要有风媒、虫媒、水媒、鸟媒等。靠风力传送花粉的传粉方式称为"风媒"，借助这类方式传粉的花，称为"风媒花"。大部分禾本科植物和木本植物中的栎、杨、桦等都是风媒植物。靠昆虫为媒介进行传粉方式的称为"虫媒"，借助这类方式传粉的花，称为"虫媒花"。多数有花植物都是依靠昆虫传粉的，常见的传粉昆虫有蜂类、蝶类、蛾类、蝇类等。虫媒花的特点：多具特殊气味以吸引昆虫；多半能产蜜汁；花大而显著，并有各种鲜艳颜色；结构上常和传粉的昆虫形成互为适应的关系，如马兜铃和鼠尾草。水生被子植物中的金鱼藻、黑藻、水鳖等都是借水力来传粉的，这类传粉方式称为"水媒"。借鸟类传粉的称为"鸟媒"，传粉的是一些蜂鸟，头部有长喙，在摄取花蜜时把花粉传开。蜗牛、蝙蝠等小动物也能传粉，但不常见。

## 蜂类动物

蜂类动物是膜翅目蜜蜂总科的昆虫的统称。蜜蜂是蜂类动物中比较重要的一种，能够飞行。花粉和花蜜是蜜蜂的食物，蜜蜂在采食花粉和花蜜的过程中，能够将一朵花的花粉带至另一朵花上，达到了帮助植物传粉的目的。

## 蝶类动物

蝶类动物统称为"蝴蝶"，全世界有14 000多种，我国有1300多种。蝴蝶的色彩鲜艳，大小各异，翅膀和身体上分布着各种花斑，看起来非常好看。蝴蝶的一生要经过卵、幼虫、蛹和成虫四个阶段，每个阶段的形态各不相同。

虫媒

## 蛾类动物

蛾类动物属于鳞翅目，它们的形状与蝴蝶非常相似，但它们的腹部短粗，触角呈羽状，静止时双翅平伸。全世界的蛾类动物有150 000多种，我国有7000多种。蛾类动物常在夜间活动。

# 播　　种

　　草本植物最主要的繁殖方法就是播种繁殖，也就是利用植物的种子播种的繁殖方法。大部分草本植物的种子在适宜的水分、温度和氧气的条件下都能顺利萌发；仅有部分草本植物的种子要求光照感应或打破休眠才能萌发。

　　细粒种子（百里香、矮牵牛、瓜叶菊、海棠）播种时，不需要盖土，但要注意保持土壤湿度，一般要用细嘴喷壶喷雾状水来保湿。大粒种子盖土厚度为种子大小的2～3倍。另外，好光性种子，播后可不覆土，而嫌光性种子，播后必须覆土并不得露出种子。大多数种子的发芽适温为20℃～25℃。但有的种子必须在低温条件下才能发芽，如花毛茛、飞燕草。大多数香草和秋冬播的植物种子播种温度不能高于25℃，春夏播的植物种子不能低于20℃，如果达不到温度，需要用保鲜膜提高温度，保鲜膜同时还具有保湿作用。

草本植物

射干的种子

## 常见草本植物的发芽温度

白菜类，25℃；菠菜，21℃；芹菜，20℃；莴苣，22℃；胡萝卜，27℃；萝卜，25℃；葱，24℃；韭，24℃；黄瓜，30℃；南瓜，32℃；西瓜，35℃；茄果类，30℃；菜豆，32℃；翠菊，14℃～16℃；鸡冠花，21℃；一串红，20℃～25℃；金鱼草，13℃～15℃；矮牵牛20℃；美女樱，15℃～17℃；翠雀，15℃。

## 百 里 香

百里香又名地椒、地花椒、山椒、山胡椒、麝香草，属于唇形科百里香属，为多年生草本植物。全草具有浓郁的香味，是重要的香料品种之一。百里香的花为白色、粉色和紫色，是重要的园林草本花卉之一。

## 飞 燕 草

飞燕草，属于毛茛科翠雀属，为多年生草本植物。它的花形别致，酷似小燕子，因此得名。矮生飞燕草是重要的园林造景植物，高杆飞燕草是重要的切花材料。全草有毒，种植时要注意。

细粒种子

# 分生繁殖

　　分生繁殖是植物营养繁殖的方法之一，主要有以下几种：

　　将根际或地下茎上发生的萌蘖切下栽植，使其形成独立植株，这种繁殖方法称为"分株繁殖"，萱草、玉簪等草本植物可以采用分株繁殖方法。珠芽是某些植物所具有的特殊形式的芽，生于叶腋（如卷丹、薯蓣）或花序上（如葱类），脱离母株自然落地后即可生根长成新的植株，这种繁殖方法称为"分珠芽繁殖"。植株叶丛抽出节间较长的茎（长匍茎），节上着生叶、花和不定根，也能产生幼小植株，分离小植株另行栽植即

可形成新株，这种繁殖方法称为"分走茎繁殖"，适用于草莓、虎耳草、吊兰等。有的植物地下变态茎短缩肥厚而呈球状，老球侧芽萌发，在基部形成新球，新球旁常生子球，直接用新球茎和子球栽植的繁殖方法称为"分球茎繁殖"，适用于唐菖蒲、慈姑等。有些植物的变态地下茎有短缩而扁盘状的鳞茎盘，上面着生肥厚的鳞叶，鳞叶之间发生腋芽，每年可从腋芽中形成一个

或数个子鳞茎，直接用子鳞茎栽植的繁殖方法称为"分鳞茎繁殖"，适用于水仙、郁金香等。

## 卷　丹

　　卷丹，又名倒垂莲、虎皮百合、珍珠花、黄百合等，属于百合科百合属，为多年生草本植物。有的卷丹的花瓣向外反卷，因此得名"卷丹"。它的鳞茎可以食用和药用，营养成分和药用价值与百合相近。

## 吊　兰

　　吊兰，又名垂盆草、蜘蛛草、折鹤兰，属于龙舌兰科吊兰属，为多年生草本植物。它的叶片细长，匍匐茎从腋中抽生出来，由盆沿向外下垂，极具动感。根和全草可入药，具有清肺、凉血、止血等功效。

## 水　仙

　　水仙，属于石蒜科水仙属，为多年生草本植物，是我国的传统名花之一，在我国已有1000多年栽培历史。水仙的鲜花具有宜人的香气，能够提取香精油。它能够在我国的春节前后开放，是传统的节庆花卉。

吊兰

# 萱 草

　　萱草，又名黄花菜、金针菜、忘忧草，属于百合科萱草属。此花极具观赏价值。花蕾含有糖、蛋白质、维生素C、钙、脂肪、胡萝卜素、氨基酸等营养成分。萱草的花可以药用，有养血平肝、利尿消肿的功效，可以治疗头晕、耳鸣、心悸、吐血、水肿、咽痛等症。

　　萱草的根为肉质根，纺锤形，多数干瘪扭皱，有横纹，表面呈灰黄色或淡灰棕色，断面呈灰棕色或暗棕色，有放射性裂隙。叶基生，二列状，宽线形，对排成两列，长可达50厘米，宽2～3厘米，条状披针形，拱形弯曲；背面有龙骨突起，呈嫩绿色，被白粉。花茎由叶簇中抽出，直立，圆柱状，高40～60厘米，着花6～10朵，呈顶生聚伞花序；初夏时开花，花大，花冠漏斗形至钟形，裂片外弯，基部长筒形；花被裂片长圆形，

下部合成花被筒，上部开展而反卷，边缘波状，橘红色；原种花色为黄至橙黄色，还有绯红、金黄、淡紫、白绿等色；雄蕊6枚，背着花药，花丝长，着生于花被喉部，子房上位。果实为蒴果，长圆形，成熟后裂成3瓣，背裂，内有亮黑色种子数粒。果实很少能发育，制种时常需人工授粉。植物适应性强，喜湿润也耐旱，喜阳光又耐半阴。

## 秋水仙碱

萱草

鲜黄花菜（萱草）中含有一种"秋水仙碱"，本身虽无毒，但经过肠胃道的吸收，在体内氧化成为"二秋水仙碱"，则具有较大的毒性。食用时，应先将鲜黄花菜用开水焯过，再用清水浸泡两个小时以上，捞出用水洗净后再进行炒食，这样秋水仙碱就能被破坏掉，食用鲜黄花菜就安全了。

## 胡萝卜素

胡萝卜素是一种橙色的光合色素，在肝脏中可以转变成维生素A，多存在于橙色的水果和蔬菜中，有一些绿色蔬菜中也存在胡萝卜素。它能预防眼部疲劳、夜盲症和视力减退等症。

## 钙 离 子

钙离子是钙元素在化合物中的存在形式。钙元素是人体重要的元素之一，绝大部分存在于骨骼和牙齿中，很少量存在于血液和组织里。奶制品、豆制品、菠菜的钙的含量很高。

走进大自然
ZOU JIN DA ZI RAN

# 扦插繁殖

高山红景天

扦插繁殖是指取植株营养器官的一部分，插入疏松润湿的土壤或细沙中，利用其再生能力，生根抽枝，成为新植株的繁殖方法。按取用器官的不同，分为枝插、根插、芽插和叶插。一般草本植物对于插条繁殖的适应性较大，除冬季严寒或夏季干旱地区不能进行露地扦插外，条件适宜时，四季都可以扦插。扦插应在剪取插条后立即进行，尤其是叶插，以免叶子萎蔫，影响生根。用扦插繁殖的植株比播种苗生长快，并能保持原有品种的特性。不宜产生种子的植物，多采用这种繁殖方法。一些能发生不定芽或不定根的植株，可以采取扦插繁殖的方法，如紫罗兰、大岩桐。扦插时，可将插穗的下切口在促进生根的药剂中蘸一下，取出后再插入基质中，有促进生根的效果。含水分较多的插穗，在插穗下蘸一些草木灰，可防止扦插后插穗腐烂。

草本植物

108

## 枝　　插

枝插是扦插的方法之一，按枝条的种类分为绿枝扦插和硬枝扦插；按插穗的长短分为芽插和长梢插；按插穗的处理方法和形状分为普通法插、割插、土球插和倒丁字形插等。

## 根　　插

根插是扦插的方法之一，是利用根段作为插穗的扦插方法。扦插时，将粗0.3～1.5厘米的根剪成长5～15厘米的插穗，上口平剪，下口斜剪，直插于土中，扦插后发生不定根和芽。

## 叶　　插

叶插是扦插的方法之一，具有肥厚叶片、叶片能产生不定芽的多肉花卉可以采用本方法，分为全叶插和片叶插。能够叶插的植物有景天、十二卷、豆瓣绿、石莲花等。

长白红景天

# 大 岩 桐

大岩桐

　　大岩桐，又名六雪尼、落雪泥，属于苦苣苔科大岩桐属。此花叶绿、花红，园艺品种繁多，有蓝、白、红、紫和重瓣、双色等品种，每年春季和秋季开花两次，是节日点缀和装饰室内的理想盆花。此花可以长期忍耐室内光线较弱的环境，是办公室、写字楼和家居摆设装饰的室内观花植物。室内摆放大岩桐可有效降低二氧化碳浓度和减少尘埃污染，在室内摆放大岩桐对人体健康是十分有利的。

　　大岩桐的根多，直立，块茎扁球形。地上茎极短，植株高15～25厘米，全株密被白色绒毛。叶对生，卵圆形或长椭圆形，肥厚而大，有锯齿；叶脉隆起，自叶间长出花梗；叶背稍带红色。花冠钟状，先端浑圆，5裂，矩圆形，花径为6～7厘米；花梗比叶长，顶生和腋生，每梗1朵花；花萼5角形，裂片卵状披针形比萼筒长；有蓝、粉红、白、红、紫堇青等色，还有白边蓝花、白边红花双色和重瓣花。果实为蒴果，花后1个月种子成熟。种子呈褐色，细小而多。植株喜欢高温、潮湿及半阴的环境，冬季休眠期应保持干燥，忌阳光直射。

## 尘　埃

尘埃指的是飘浮于宇宙间的岩石颗粒与金属颗粒。在广袤而空旷的宇宙中，除去各种各样的恒星、大行星、彗星、小行星等天体之外，并不是一片完全的真空。事实上，宇宙中存在着大量的宇宙尘埃，这些尘埃看似不起眼，却能对我们的生活产生不容忽视的影响。

## 堇　色

堇色是紫色系的一种颜色，薰衣草的颜色是典型的堇色。堇本身就是植物界中的一种花卉。堇色的花卉还有鸢尾、丁香、紫藤、紫罗兰、牡丹等。

芍药

## 重　瓣　花

重瓣是由雄蕊、雌蕊等花叶变化成花瓣的现象。重瓣花具有观赏价值，是园林中重要的花卉品种。重瓣榆叶梅、睡莲、短果杜鹃都具有重瓣花。

# 水 培

　　将花卉或绿植放入水或营养液中种植的栽培方式，称为"水培"。水培容器应该选择与水培植物大小相适应的瓶、盆、缸等器具。进行水培时，植物的根系要进行严格的清洗。洗净泥土后，可根据植物根系的生长情况，适当剪除老根、病根、老叶、黄叶。植物根系清洗干净后，浸泡在0.1％的高锰酸钾水溶液中，一般浸泡10～15分钟，然后要在清水中清洗干净。植物栽培时，可以先在容器中放一些干净的石子，以固定植株。

　　适合水培的植物有：一帆风顺、紫露草、吊竹草、彩叶草、虎耳草、君子兰、吊兰、一叶兰、冷水花、春羽、海芋、龟背竹、禾果芋、马蹄莲、广东万年青、花叶万年青、孔雀竹芋、绿萝、虎

草本植物

马蹄莲

尾兰、肾蕨、朱焦、富贵竹、金边富贵竹、棕竹、袖珍椰子、变叶木、金琥、香龙血树、火鹤、马蹄莲、吊兰、四季秋海棠、常春藤等。

## 白 鹤 芋

白鹤芋又名白掌、一帆风顺、银苞芋，属于天南星科白鹤芋属，为多年生草本植物。它的叶片翠绿，佛焰苞洁白，喜生长于半阴的环境中，是重要的观叶植物。

## 马 蹄 莲

马蹄莲属于马蹄莲属天南星科，为多年生草本植物。它的叶片翠绿，花苞片洁白硕大，宛如马蹄，因此得名。它的肉穗花序包藏于佛焰苞内，是重要的观叶和观花植物。

## 虎 尾 兰

虎尾兰，又名虎皮兰、锦兰，属于龙舌兰科虎尾兰属，它的叶片上有间隔的黑色条纹，酷似老虎的尾巴，因此得名。观赏变种为金边虎尾兰和银脉虎尾兰，金边虎尾兰的叶缘为金黄色，银脉虎尾兰的叶面具有纵向的银白色条纹。

富贵竹

# 一 叶 兰

文殊兰也是重要的观叶植物

　　一叶兰，又名蜘蛛抱蛋、箬叶，属于百合科蜘蛛抱蛋属。此花为多年生常绿草本，适合在明亮的室内栽培，可常年生长。叶单生，挺拔，叶色浓绿，叶形独特，花小，呈紫红色，在土壤表面开放，形如蜘蛛护蛋而立，因此得名"蜘蛛抱蛋"，极具观赏价值。一叶兰的根状茎可以药用，有活血散瘀、补虚止咳的功效，可用于治疗跌打损伤、风湿筋骨痛、腰痛、肺虚咳嗽、咯血等症。此花是室内盆栽和插花艺术中极好的观叶和造型材料，还可以吸收室内80%以上的有害气体，适合在室内栽培。

　　一叶兰的根为须根系，根状茎匍匐生长。叶片在基部丛生，矩圆状披针形，长22～46厘米，宽8～11厘米，革质，呈浓绿色，有光泽，基部渐狭成沟状；叶柄长，坚硬，挺直。花被钟状，外部呈紫色，内部呈深紫色。果实为蒴果，球形。植株喜欢半阴、温暖、湿润、通风良好的环境，不耐旱，稍耐寒，忌阳光直射，忌积水。

## 观叶植物

观叶植物是指以叶为主要观赏部位的植物，多为宿根植物，主要有吊兰、芦荟、万年青、文殊兰、蜘蛛抱蛋、彩叶草、美叶光萼荷、虎耳草、豆瓣绿、西瓜皮椒、白网纹草、广东万年青、海芋等。

## 观果植物

观果植物是指以果实为主要观赏部位的植物，主要有乳茄、五彩椒、观赏蓖麻、紫金牛、樱桃番茄、观赏南瓜、蛇瓜、木瓜、飞碟瓜、苦瓜、草莓等。

大丽花

## 观花植物

观花植物是指以花冠为主要观赏部位的植物，一般花色艳丽，花朵硕大，花形奇异，并具香气，主要有水仙、春兰、君子兰、昙花、珠兰、大丽花、荷花、菊花等。

# 草本植物的食用和药用价值

很多粮食作物都是草本植物

　　所有重要的粮食都是草本植物，如水稻、小麦、大麦、燕麦、粟米、玉米、高粱等。生活中常见的萝卜、马铃薯、魔芋、白菜、芥菜、甘蓝、豌豆、菠菜、茼蒿、莴苣、芹菜、番茄、辣椒、洋葱、大蒜、葱等蔬菜都属于草本植物。还有一些草本花卉也可以食用，如百合、雏菊、秋海棠、向日葵、虞美人、鸡冠花、大丽菊、康乃馨、万寿菊、鸢尾、金盏菊、含羞草、凤仙花、玉簪等。马齿苋、鹅肠菜、灰菜、荨麻、苋菜、荠菜、豆瓣菜、诸葛菜、龙牙菜、草木樨、冬寒菜、蒲公英、车前、牛蒡、鸭葱等人们经常食用的野菜也都是草本植物。

　　许多草本植物都具有药用价值。半夏可以用于治疗痰多咳喘、呕吐反胃等症。薄荷可以用于治疗风热感冒、咽喉肿痛、腹胀吐泻等症。苍耳可以用于治疗风寒头痛、风湿麻痹、四肢

草本植物

116

拘挛等症。豆瓣绿可以用于治疗咳嗽、哮喘、风湿痹痛等症。大丽菊可以治疗高血压等症。

## 水　稻

　　水稻属于禾本科，为一年生草本植物，是重要粮食作物。水稻的籽实称为"稻谷"，去壳后称为"大米"。大米的食用方法很多，除做主食以外，还可以酿酒。

## 苘　蒿

　　苘蒿，又名蓬蒿、菊花菜、蒿菜、苘蒿菜，属于菊科苘蒿属，为一二年生草本植物，幼嫩的茎叶可以食用。苘蒿还具有清血、降压、润肺、清痰的功效。

## 苋　菜

　　苋菜，又名野刺苋、米苋、云仙菜，属于苋科苋属，为一二年生草本植物，分为白苋和红苋两类。苋菜富含钙质，具有清热润肠的功效，是常见的叶用蔬菜，还是很好的减肥食品。

玉米

# 草本植物的生态价值

　　有些草本植物对有害物质有较强的抗性，甚至能够吸收、吸附和滞留一部分有害物质，能够净化环境。常见的室内有害气体主要有：苯、氨、甲醛、氮氧化合物等。仙客来、紫罗兰、晚香玉、牵牛花、石竹、唐菖蒲等通过叶片吸收有害气体。菊花对二氧化硫也有较强的吸收能力。紫菀、黄耆、鸡冠花等能吸收大量的铀等放射性元素。芦荟、吊兰、虎尾兰、扶郎、百合等能吸收二甲苯、甲苯、甲醛等。仙人掌、菊花、芦荟、吊兰、常春藤、虎尾兰、黄金葛等可减少甲醛污染。菊花、芦荟、万年青等可有效清除室内的三氯乙烯、硫化氢、苯、苯酚、氟化氢、乙醚等。一叶兰等可吸收室内80%以上的有害气体，天门冬可清除重金属微粒，迷迭香、吊兰等可使室内空气中的细菌和微生物大为减少。牵牛花等花卉分泌出来的杀菌素能够杀死空气中的细菌，抑制结核菌。

毛百合

# 苯

苯是一种透明的液体，在常温下为无色、有甜味，并具有强烈的芳香气味，难溶于水，易溶于有机溶剂，可燃，有毒。苯是一种石油化工基本原料，也是一种致癌物质。

## 甲　醛

甲醛是一种无色的气体，有强烈刺激型气味，易溶于水、醇和醚，在常温下是气态，通常以水溶液形式出现，在低温下容易沉淀，在空气中能缓慢氧化成甲酸。

有斑百合

## 放射性元素

放射性元素是指能够自发地从不稳定的原子核内部放出粒子或射线，同时释放出能量，最终衰变形成稳定的元素而停止放射的元素，主要有α射线、β射线、γ射线等。含有放射性元素的矿物称为"放射性矿物"。

# 非 洲 菊

非洲菊

非洲菊，又名扶郎花，属于菊科大丁草属。此花花朵硕大，花枝挺拔，花色艳丽，是世界十大切花之一，可做盆栽观赏，用于装饰厅堂、会场，点缀窗台、案头等。植株能吸收苯、甲醛、二氧化碳和空气中的尼古丁，适合作为室内清新剂。非洲菊的全草都可以药用，有清热止泻的功效。

非洲菊具有较粗的须根。植株株高30～45厘米。根状茎短，被残存的叶柄所围裹。叶基生，长圆状匙形，长10～14厘米，宽5～6厘米，顶端尖或略钝，基部渐狭，边缘不规则羽状浅裂或深裂，上面无毛，下面被短柔毛，老时脱毛；中脉两面均凸起，下面粗，网脉略明显；叶柄长7～15厘米，具粗纵棱，被毛。花序为头状花序，单生于花葶顶端，花瓣1～2轮或多轮呈重瓣状；花托扁平，裸露，蜂窝状，直径为6～8毫米；花药长4毫米左右，具长尖的尾部；雌花和两性花的花柱分枝均短，顶端钝，长不足1毫米；花葶单生，长25～60厘米，无苞叶，被毛，有大红、橙红、淡红、黄色等色。果实为瘦果，圆柱形，长4～5毫米，密被白色短柔毛。植株喜欢冬季温暖、夏季凉爽的环境，耐热、稍耐寒，可忍受短期的0℃低温。

## 切　花

切花，又称为"花材"，是指从植物体上剪切下来作为插花材料的部分，包括花朵、花枝、叶片等，可以用来制作花束、花篮、花圈。传统的四大切花为月季、菊花、康乃馨、唐菖蒲。

## 尼　古　丁

尼古丁，又名烟碱，是一种存在于茄科植物（茄属）中的生物碱，是烟草的重要成分。尼古丁会使人上瘾或产生依赖性（最难戒除的毒瘾之一），大剂量的尼古丁会引起呕吐以及恶心，严重时会导致死亡。

## 太　阳　花

太阳花，属于牻牛儿苗科牻牛儿苗属，为多年生草本植物。它的花序为伞形花序，总是朝向太阳，因此得名。太阳花的花瓣为紫红色，总花梗被有柔毛。

康乃馨